温岭高橙标准化生产技术

Wenling Gaocheng Biaozhunhua Shengchan Jishu

陈正连　王　涛　编著

中国农业科学技术出版社

图书在版编目（CIP）数据

温岭高橙标准化生产技术 / 陈正连，王涛编著.—北京：中国
农业科学技术出版社，2014.10
ISBN 978-7-5116-1843-6

Ⅰ.①温… Ⅱ.①陈… ②王… Ⅲ.①橙－果树园艺－标准化－
温岭市 Ⅳ.①S666.4-65

中国版本图书馆CIP数据核字(2014)第231223号

责任编辑 闫庆健 范 潇
责任校对 贾晓红

出 版 者 中国农业科学技术出版社
北京市中关村南大街12号 邮编：100081
网 址 http://www.castp.cn
电 话 (010)82106632(编辑室) (010)82109704(发行部)
(010)82109709(读者服务部)
传 真 (010)82106625
经 销 者 各地新华书店
印 刷 者 大恒数码印刷（北京）有限公司
开 本 787mm×1092mm 1/32
印 张 3.375
字 数 68千字
版 次 2014年10月第1版 2014年10月第1次印刷
定 价 20.00元

第一章 概 述

第二章 生物学特性

第三章　标准化生产技术

第四章　农药的安全使用

参考文献

第一章　概　述

一、经济价值

温岭高橙是浙江省温岭市传统的地方品种，属杂柑类常绿果树，系橙、柚的自然杂交种。温岭高橙果实风味独特、营养丰富、酸甜适中、清香可口、略带苦味，因富含柠碱和黄酮类等功能性活性成分，被当地消费者认为具有清热降火、健脾益胃、软化血管、延缓衰老和抗癌等功效，是一种集营养与保健于一体的优良地方特色品种，深受当地消费者喜爱。我国著名画家刘海粟多次品尝后写道："耄年口渴，极嗜高橙"。

温岭高橙适应性广，抗逆性强，栽培简单，表现抗病、耐旱、耐涝、耐瘠等特点，适宜在山地、平原、海涂等不同立地条件下栽培。丰产稳产，经济寿命长达60～80年。一般栽后3～5年即可投产，10年后进入盛果期，株产50～100千克，最高可达500千克以上。平均亩(1公顷=15亩，1亩≈667平方米，全书同)产可达2500千克以上，晚熟，极耐贮藏，可以贮藏至翌年4～6月供应市场，不仅品质变优，而且调节了水果淡季，增加经济效益。同时，温岭高橙树形美观，四季常绿，春季花香扑鼻，秋季金果满树，非常适合城市绿化、美化。

(一) 营养成分

温岭高橙果实营养丰富，果汁富含多种人体必需的营养成分，含总糖5.46%～7.59%、还原糖2.8%～3.5%、蔗糖2.66%～4.09%、淀粉0.13%～0.19%、粗纤维0.05%～0.13%、有机酸1.51%～2.46%。维生素C含量为271.6～376.9毫克/千克，与其他柑橘类品种相近，属于维生素C含量丰富的水果之一。类胡萝卜素含量为1～1.35毫克/升，并含有钙、磷、锌、铁等矿质元素。温岭高橙果肉中的蛋白质含量为0.27%～0.58%，并含有17种氨基酸，其中，包括7种人体必需氨基酸，这种氨基酸含量占氨基酸总量中的18.8%；人体非必需氨基酸中，天门冬氨基酸和谷氨酸含量较丰富，它们有促进尿循环和细胞更新的功能。温岭高橙果皮中的氨基酸含量更高，其氨基酸的含量总量是果肉的2.4倍，必需氨基酸的含量占氨基酸总量的30%。

同时，温岭高橙还含有丰富的柠檬苦素和黄酮类等生物活性物质，其中有4种柠檬苦素，橙皮中总含量高达2070.86微克/千克，明显高于胡柚(869.06微克/千克)、文旦(45.96微克/千克)等其他柑橘类果品。其中的柠檬苦素和诺米林等可激活谷胱甘肽转移酶的活性，从而抑制化学致癌物的致癌作用，并且柠檬苦素类似物还具有抗疟、镇痛、消炎、催眠、抗焦虑、抗艾滋病活性等功效。目前，日本、美国已出现柠檬苦素类似物药物、功能食品和饮料专利产品。

(二) 药用功效

温岭高橙性凉，味酸甜适口，微苦，具有开胃消食、生津止渴、理气化痰、解毒醒酒功能。主治食积腹胀、咽燥口渴、咳嗽痰多、醉酒等病症。其药用功效主要作用有以下几种。

1.降低毛细血管脆性

温岭高橙果实中含有的橙皮苷，可降低毛细血管脆性，防止微血管出血。而丰富的维生素及有机酸，对人体新陈代谢有明显的调节和抑制作用，可增强机体抵抗力，增加毛细血管的弹性，降低血中胆固醇。患有高血脂症、高血压、动脉硬化者常食橙子有益。每天喝3杯橙汁可以增加体内高密度脂蛋白(HDL)的含量，从而降低患心脏病的可能性。

2.疏肝理气通乳

高橙具有疏肝理气，促进乳汁通行的作用，为治疗乳汁不通，乳房红肿胀痛之食品。

3.促进肠道蠕动

高橙果皮煎剂具有抑制胃肠道(及子宫)平滑肌运动的作用，从而能止痛、止呕、止泻等；而其果皮中所含的果胶具有促进肠道蠕动，加速食物通过消化道的作用，使粪脂质及胆笛醇能更快地随粪便排泄出去，并减少外源性胆笛醇的吸收，有利于清肠通便，排除体内有害物质，防止胃肠胀满充气，促进消化。

4.宽胸降气，止咳化痰

橙皮具有宽胸降气，止咳化痰的作用。实验证明，橙皮含0.93%～1.95%的橙皮苷，对慢性气管炎有效，且易为患者接受。

5.抑制肿瘤细胞生长

一个中等大小的高橙可以提供人体一天所需的维生素C，提高身体抵挡细菌侵害的能力。高橙能清除体内对健康有害的自由基，抑制肿瘤细胞的生长。所有的水果中，柑橘类所含的抗氧化物质最高，包括60多种黄酮类和17种类胡萝卜素。黄酮类物质具有抗炎症、强化血管和抑制凝血的作用。类胡萝卜素具有很强的抗氧化功效。高橙这些成分对多种癌症的发生有抑制作用。

6.减少胆结石的发病率

高橙中的维生素C含量很高，一直是很多人都爱吃的水果。但对于女性来说，多吃高橙还有一个意想不到的好处，就是减少胆结石的发病率。美国曾有一项调查显示，在全美1900万名胆囊炎患者中，有2/3是女性。妇女容易患胆囊结石，是因为雌激素会使胆固醇更多地聚集在胆汁中，导致其中胆固醇浓度过高而形成结石。而高橙对胆结石的发生会起到明显减少作用。

7.生津止渴、开胃下气

饱食饮宴后，饮一杯高橙汁，可解油腻，消积食，并有止渴醒酒等妙用。高橙含有维生素A、维生素B、维生素C、维生素D及柠檬酸、苹果酸、果胶等成分，维生素能增强毛细血管韧性；果胶能帮助尽快排泄脂类及胆固醇，并减少外源性胆固醇的吸收，故具有降低血脂的作用。同时，高橙果肉和果汁对酒醉不醒者有良好的醒酒作用。

二、发展历史与现状

温岭高橙的种植据明代嘉靖(世宗)1522—1566年时所撰的《太平县志》内已有记载，其栽培历史即使在该县志出版后算起至少已有470年以上，而其开始栽培应当更早。我国著名园艺学家原浙江农业大学吴耕民教授曾专门考证并推定温岭高橙为葡萄柚的原生种。

20世纪80年代前温岭高橙多在房前屋后零星种植。1984年，原温岭县人民政府专门成立了"温岭高橙开发研究中心"，在全县范围内开展了群众性的选种工作，并初选出11株良种单株。通过苗木繁育和高接换种，建立品种母本园30亩，继续对母株及其第二代营养系单株主要性状和遗传稳定性进行观察鉴定和提纯复壮，从中筛选出5个优良性状稳定一致的良种株系，并建立优质良种苗木繁育基地，供面上发展。同年，原温岭县林业局与无锡轻工业学院合作开展高橙脱苦试验，尝试高橙果汁加工。

1993年，以股份合作制的方式组建温岭市第一家高橙专业生产企业——温岭市国庆塘高橙场。同时，温岭市政府重新建立了由分管市长担任组长的温岭高橙综合开发利用领导小组，下设实施组，进一步加大温岭高橙的开发力度，加快发展步伐。1994年，浙江省华越国际贸易公司宁波开发区分公司与温岭市林业特产开发公司合资建立温岭市野森林食品有限公司，试生产以温岭高橙橙汁为主要原料的新型纯天然营养保健饮品——登巴软饮。日本柑橘专家杉山和美先生在温岭考察期间，品尝了"登巴软饮"后赞不绝口："我来到中国，喝过十多种饮料，登巴是口感最好的一种，它清新爽口，完全可以与国际上流行的葡萄柚饮料相比拟。"

1996年11月，以中国柑橘研究所所长沈兆敏研究员为组长的十余位国内著名柑橘专家组成的专家组，对温岭高橙品质进行了全面、综合的评审，认为温岭高橙是一个品种独特的地方良种，可作为区域性的主要发展品种，发展方向符合柑橘业向多样化、个性化、周年化和"一优两高"的发展要求。

1997年，经过选育并推广的高橙优株被浙江省农作物品种审定委员会正式认定为"温岭高橙"品种，从而结束了几百年以来温岭高橙没有正式品种名的历史。同年8月，温岭市被中国特产之乡评选委员会评为"中国高橙之乡"；11月，温岭市特产技术推广站发布温岭高橙第一个企业标准《Q／WTT 01－1997温岭高橙》。1998年，温岭高橙被浙江省人民政府评为优质农产品银奖。

1999年，温岭市国庆塘高橙场正式注册"明圣"商标。"明圣"牌温岭高橙屡获殊荣，2001年被中国国际农业博览会评为名牌产品，同年12月被中国果品流通协会评为"中华名果"，2002年被评为中国柑橘博览会金奖，并多次获浙江省优质农产品金奖和浙江省农业博览会金奖。2011年温岭高橙获"中国地理标志产品"称号。

2000年，温岭市高橙种植面积发展到12828亩，占水果总面积的11.1%，成为温岭市农业主导产业之一。回顾20世纪90年代期间温岭高橙的产业发展，主要出现了三大转变：一是由零星的房前屋后种植转向连片开发，大片海涂地和荒山丘陵相继得到开发，建立一大批多种经济性质的成片果园和水果专业村，形成基地化、专业化生产格局。二是良种优化率明显提高，商品化程度得到很大的改善。三是栽培管理水平明显加强，已由粗放管理转向精细管理，科技含量显著增加，依靠科技，提高产品质量及效益已成为广大果农的共识，成为当地产业的一大支柱、农民致富的一大门路。

进入21世纪后，受柑橘黄龙病侵染等因素影响，温岭高橙零星种植面积锐减，同时企业化、合作化、品牌化经营逐渐兴起，相继成立温岭市城南高橙专业合作社、温岭市四季生态农业开发有限公司、温岭市茗果高橙专业合作社等生产企业，高橙酒等加工产品也陆续投放市场。

从2006年起，温岭市特产技术推广站开始对温岭高橙优良品种和品系进行脱毒处理和无病毒苗繁育，并建立温岭高橙品质提升技术体系，通过研究推广温岭高橙越冬栽培、套袋栽培等先进技术，使果实品质得到了较大的提高，并通过分级处理、精品包装等产后技术的应用，极大地提高了产品的附加值，增加了经济效益，推动了产业的发展。

2012年，在城南镇殿嘴头塘建成温岭高橙省级精品园，精品园以温岭高橙生产基地为基础，利用园区一年四季果香四溢、飞鸟盘旋、高大的木麻黄防风林带构成独特的滨海田园风光，拓展农业产业功能，开展观光、休闲、采摘、垂钓，并引入塘外海水经过滤净化，建造天然咸水浴场，使精品园成为特色鲜明、功能独特的休闲观光农业园。

2014年，温岭市国庆塘高橙场承担中央农业技术推广与服务项目——温岭高橙品质提升与标准化生产技术示范推广，项目将建成2400平方米的产后处理中心和280亩温岭高橙标准化示范基地，提升温岭高橙商品化处理能力和标准化生产水平。

温岭市现有温岭高橙种植面积1.2万亩，主要分布在温岭市城南镇和坞根镇。拥有温岭高橙生产企业8家，成片生产基地5000亩，年总产量2万余吨，产值8000万元，是温岭市农业主导产业之一。

三、标准化生产的概念与意义

(一) 标准化生产的概念

标准化是指在一定范围内获得最佳秩序，对实际的潜在问题制定共同的和重复的规则的活动。农业标准化是以农业为对象的标准化活动，即运用"统一、简化、协调、选优"原则，通过制定和实施标准，把农业产前、产中、产后各个环节纳入标准生产和标准管理的轨道。

农业标准化是农业现代化建设的一项重要内容，是"科技兴农"的载体和基础。其目的是将农业的科技成果和多年的生产实践相结合，制定成"文字简明、通俗易懂、逻辑严谨、便于操作"的技术标准和管理标准向农民推广，最终生产出质优、量多的农产品供应市场，不但能使农民增收，同时还能很好地保护生态环境，从而取得经济、社会和生态的最佳效益，达到高产、优质、高效的目的。它融先进的技术、经济、管理于一体，使农业发展科学化、系统化，是实现新阶段农业和农村经济结构战略性调整的一项十分重要的基础性工作。

《中华人民共和国标准化法》将标准划分为四种，既国家标准、行业标准、地方标准和企业标准。国家标准代号为GB和GB/T，其含义分别为强制性国家标准和推荐性国家标准。

（二）温岭高橙标准化生产的内容

根据无公害、绿色、有机标准进行温岭高橙生产，从不同层次规定的生产产地环境、生产方式及产品的安全标准，实行温岭高橙标准化栽培技术，对温岭高橙果实有明确的品质要求，注重商品性；确定适度的丰产标准，不盲目地追求高产；规定温岭高橙的生产过程，对肥料、农药的使用进行严格的控制，特别禁止使用高毒、高残留的农药和其他化学制剂，采用规范化的栽培技术；对温岭高橙果品及加工产品的安全等级、外观、品质、风味进行等级评价，真正实现优质优价，从传统的以数量取胜的生产方式中转变过来，提高温岭高橙产品的市场竞争力。

首先，培育优良的温岭高橙无病毒苗木，这是实行标准化生产的基础；其次，要高标准建园，包括园地环境质量标准、良种苗木选择及栽培方式等；然后，要根据温岭高橙生长结果表现，确定合理的管理技术参数，按照"控产提质"的定向栽培要求，根据果园具体情况，如树龄、生长势、栽培管理条件及花量、坐果率、平均果重等生长结果表现，在产量指标适度的基础上，确定合理的负载量，为优质丰产奠定基础。为此，需要仔细观察温岭高橙的生长结果表现，进行必要的系统调查总结和科学研究工作；同时应用规范化的栽培技术，如规范化的整形修剪技术，疏花疏果，科学的肥水管理，病虫害的综合防治，适期采收等。其中，病虫害防治和肥水管理是决定产品安全等级的重要因素。

(三) 温岭高橙标准化的现行标准

1. 无公害标准

无公害标准是农业标准化生产的重要标准之一，在生产过程中允许限量、限品种、限时间使用人工合成的安全化学农药、化肥、兽药、饲料添加剂等，但在上市检测时不得超标，有毒有害物质残留量控制在安全质量允许范围(GB 2763)内。

温岭高橙无公害生产是指产地环境、生产过程和产品质量均符合国家有关标准和规范的要求，所生产的未经加工或者初加工的温岭高橙产品必须符合无公害农产品标准，经认证合格获得认证证书并允许使用无公害农产品标志。

温岭高橙无公害产品是对温岭高橙产品的基本要求，严格地说，上市的温岭高橙都应达到这一要求。

与温岭高橙无公害生产有关的主要国家或行业标准有：

GB/T 18406.2—2001 农产品安全质量 无公害水果安全要求

GB/T 18407.2—2001 农产品安全质量 无公害水果产地环境要求

GB 2763—2014 食品安全国家标准 食品中农药最大残留量

2.绿色标准

绿色标准也是农产品标准化生产的重要标准，是由中国绿色食品发展中心组织制定的统一标准，其标准分为A级和AA级。A级标准参照发达国家食品卫生标准和联合国食品法典委员会的标准制定，AA级的标准是根据有机食品的基本原则，参照有关国家有机食品认证机构的标准，再结合我国的实际情况而制定的。

A级绿色食品产地环境质量要求评价项目的综合污染指数不超过1，在生产加工过程中，允许限量、限品种、限时间的使用安全的人工合成化学物质。AA级绿色食品产地环境质量要求评价项目的单项污染指数不得超过1，生产过程中不得使用任何人工合成的化学物质，且产品需要3年的过渡期。由于AA级绿色食品标准已等同于有机食品，因此农业部已停止对AA级绿色食品的颁证。

温岭高橙绿色生产是指在生态环境质量符合规定标准，遵循可持续发展原则，按照绿色生产方式生产，经专门机构认定和许可，使用绿色食品标志的安全、优质、营养的温岭高橙及其加工产品。可持续发展的原则要求是，生产的投入量和产出量保持平衡，既要满足当代人的需要，又要满足后代人同等发展的需要。

温岭高橙绿色产品与一般产品相比具有以下显著特点。

(1)利用生态学的原理，强调产品出自良好的生态环境。

(2)对产品实行"从土地到餐桌"全程质量控制。

与温岭高橙绿色生产有关的主要农业行业标准有：

NY/T 391—2013 绿色食品　产地环境质量标准

NY/T 393—2013 绿色食品　农药使用准则

NY/T 394—2013 绿色食品　肥料使用准则

NY/T 658—2002 绿色食品　包装通用准则

NY/T 426—2012 绿色食品　柑橘类水果

3.有机标准

有机标准在不同的国家、不同的认证机构，其标准不尽相同。在我国，国家环境保护总局有机食品发展中心制定了有机产品的认证标准。有机果品在生产过程中不允许使用任何人工合成的化学物质和基因工程技术，需要3年的转换期，转换期生产的产品为"转换期"产品。

温岭高橙有机生产是指根据有机农业原则和有机农产品生产方式及标准生产、加工并通过有机食品认证机构认证的温岭高橙及加工产品。其目标是通过采用天然材料和与环境良好的农作方式，恢复生产系统物质能量的自然循环与平衡，并通过轮作、混作和间作的配合、水资源管理与栽培方式的应用，保护土壤资源，创造可持续发展的生产能力，创造人类与万物共享的生态环境。

有机农业的原则是在农业能量的封闭循环状态下生产，全部过程都利用农业资源，而不是利用农业以外的能源(化肥、农药、生长调节剂和添加剂以及通过基因工程获得的生物及其产物等)影响和改变农业的能量循环。

有机农业生产方式是利用动物、植物、微生物和土壤4种生产因素的有效循环，不打破生物循环的生产方式。

有机农产品是纯天然、无污染、安全营养的食品，也可称为"生态食品"。温岭高橙有机生产有以下3个主要特点。

(1) 在生产加工过程中禁止使用农药、化肥、激素等人工合成物质，并且不允许使用基因工程技术。

(2) 在土地生产转型方面有严格规定。考虑到某些物质在环境中会残留相当一段时间，土地从生产其他农产品到生产有机农产品需要2～3年的转换期，而生产绿色农产品和无公害农产品则没有土地转换期的要求。

(3) 在数量上须进行严格控制，要求定地块、定产量，其他农产品生产没有如此严格的要求。

与温岭高橙有机生产有关的主要农业行业标准有：

GB/T 19630.1—2011 有机产品 第1部分：生产

GB/T 19630.2—2011 有机产品 第2部分：加工

GB/T 19630.3—2011 有机产品 第3部分：标识与销售

GB/T 19630.1—2011 有机产品 第4部分：管理体系

HJ/T 80—200 有机食品技术规范

(四) 温岭高橙标准化生产的目的与意义

农业标准化是现代农业的重要基石。国内外农业发展的实践经验表明，农业标准化是促进科技成果转化为生产力的有效途径，是提升农产品质量安全水平、增强农产品市场竞争能力的重要保证，是提高经济效益、增加农民收入和实现农业现代化的基本前提。加快农业标准化进程，是新世纪新阶段推进农业产业革命的战略要求。

1. 有利于提高温岭高橙产品的食用安全性

随着我国人民生活水平的不断提高，人们的健康意识和环保意识也不断增强，安全、健康已逐渐成为人们选择食品的首要原则。标准化生产过程中对肥料和农药的使用进行了严格的控制，特别禁止使用高毒、高残留的农药和其他化学制剂。无公害、绿色、有机生产从不同层次规定了温岭高橙生产产地环境、生产方式及产品的安全标准，通过不同的安全标识向消费者明示温岭高橙的安全等级，让消费者放心。

2.有利于提高温岭高橙产品品质

温岭高橙标准化生产技术有明确的品质要求，注重商品性；确定适度的丰产指标，不盲目追求高产；规定了温岭高橙的生产过程，采用规范化的栽培技术，对温岭高橙果品及其加工产品的安全等级、外观、品质和风味进行等级评价，真正实现优质优价，提高温岭高橙的市场竞争力。

(1)改善风味。通过控制甚至完全拒绝使用化学品，而代之以农业资源、有机物质等，使产品风味得到明显改善；温岭高橙施用化肥单果重虽然增大、产量增加，但风味变淡；通过减少化学品和增加有机物的使用，可使果实可溶性固形物含量增加，风味浓郁。

(2)营养成分。由于有机农产品的营养成分与采用化肥者不同，通常有机农产品的锰含量较低，其他如锌、铜、镍等金属含量有时候也较低。有机栽培的水果其糖酸度及矿物质含量较高，水分含量较低。有机食品的某一营养成分并不一定比其他标准的食品高，但有机食品不使用人工杀虫剂、除草剂、杀菌剂、植物生长调节剂及化学肥料，产品较为卫生安全。

(3)硝酸盐含量。大量施用含氮高的化肥，产品中的硝酸盐与亚硝酸盐含量常形成累积，有机栽培主要使用有机肥料，基本没有这种风险。

(4)增强贮运性。有机农产品的可溶性固形物、糖分、矿物质含量更加优化，增加产品的耐贮运性。

3.有利于保护和改善生态环境

人类在经过原始农业、传统农业和常规现代农业的发展之后，已经认识到常规现代农业的弊端，如不当的耕作技术造成水土流失，使许多土地荒废；过度种植与放牧使土壤肥力下降；过量的施用化肥和不当的灌溉破坏了土壤结构，加速了次生盐渍化，使土壤生产能力日益下降。为了维持农田眼前的生产，越发依赖于化肥，如此反复地恶性循环，导致土壤生态环境的恶化；为了防止有害生物的为害，人们大量地使用化学农药和除草剂，虽然暂时控制了病虫草的为害，保住了产量，但杀灭了天敌，破坏了自然界动物、植物与微生物之间的生态平衡，有害生物的抗药性不断增强，最终将会导致病虫草害的暴发，甚至达到难以控制的地步；与此同时，农药、化肥的滥用不仅污染了大气、土壤与河流，也直接威胁到我们的食品安全等，这些问题使发展经济与保护环境的矛盾越来越尖锐，人们已经认识到发展经济不能以牺牲人类赖以生存的环境为代价，世界各国都在积极探讨既能实现发展目标，又能保护和改善生态环境的有效途径，寻求农业的可持续发展之路。农业标准化生产是保护环境和发展经济相协调的有效措施，有利于促进农业生产的可持续发展，维护和优化农业基础生产条件，实现保护环境与发展生产的统一。主要表现在以下几个方面。

（1）降低对环境的污染。栽培抗病虫品种防治病虫害，或利用天敌、微生物制剂取代化学农药，或以诱杀板、捕虫灯等物理方法防治病虫害，以有机肥料取代化学肥料，可避免河流、湖泊、水库农药累积或富营养化现象，确保水源品质，减少对环境的污染。

(2)农业资源循环利用。农作物残渣、稻壳、畜禽排泄物等农业废弃物，处理不当会造成环境污染，如将这些农业废弃物经充分发酵后转化为有机质肥料，再施于田间，不仅可以有效处理这些农业废弃物，并可以改良土壤性质，以及提供农作物生长发育所需的氮、磷、钾等营养元素，降低化学肥料用量。

(3)改善空气质量。化学氮肥大量使用会产生氧化亚氮(N_2O)，破坏大气中平流层的臭氧层，使得紫外线穿透大气层直达地面的量增高，将危及地球上的生物，减少或不使用氮肥可以控制氧化亚氮的形成量。

(4)防止土壤冲蚀。有机农业讲求混作、间作、轮作，土壤覆盖比较完全，避免雨水直接冲刷，而且施用有机质增加了土壤渗透力及保水力，可有效防止土壤冲蚀。

4. 有利于增强市场竞争力

进入21世纪，国际、国内市场更加一体化，更加关注农产品的生产环境、种植方式和内在质量。实际上，随着人们对环境的日益关注，一些已经制定标准的国家正不断提高标准，另一些尚未制定标准的国家也相继制定标准，使这一类的技术标准越来越高，也越来越普及，对于出口地区来说，必将受到市场准入的极大限制。

在当前国际贸易中，绿色壁垒已经成为最重要的贸易壁垒之一，不采取积极的措施应对绿色壁垒，在国际市场上就会寸步难行。而大力发展绿色无公害生产，提升我国农产品的市场竞争力，才是应对绿色壁垒的根本措施。

第二章　生物学特性

一、形态特性

温岭高橙属常绿小乔木，繁殖以嫁接为主，由地上部分和地下部分组成，两者的交界处为根颈，也是砧木与接穗的结合部。地下部分为根系，地上部分包括主干、枝、叶、花、果等。成年树一般树高5米以上，冠径5～6米。

(一) 根

温岭高橙的根系通常由主根、侧根和须根构成。砧木的根由种子的胚根发育而成，胚根垂直向下生长成为主根，在主根上着生许多支根，统称侧根。主根和各级大侧根构成根系的骨架，称骨干根。横向生长与地面平行的侧根称水平根，向下生长与地表垂直的根称垂直根。在侧根上着生许多细小的根称为须根，生长健壮的植株须根发达。须根上一般无根毛，由与根共生的真菌的菌丝吸收土壤中的养分和水分，称菌根。温岭高橙的根系分布与土壤密切相关，一般根群分布在表土以下10～40厘米的范围内，若土层深厚、地下水位低，根系可深达1米以上。

（二）枝、干

温岭高橙的地上部分由主干和树冠组成。从根颈到第一个主枝分叉点间的树干部分称主干。主干是整个树体的支柱，又是树体营养物质和水分上下运输的必经之路。树冠由主枝、副主枝和各级侧枝组成。直接着生在主干上的大枝称主枝，主枝上着生的大枝称副主枝，主枝和副主枝构成树冠的骨架，称骨干枝。着生在主枝、副主枝上的各级小枝为侧枝。

温岭高橙一年中可抽梢3～4次，即春梢、夏梢和秋梢(包括早秋梢和晚秋梢)。春梢萌发整齐，数量多，枝梢较短，平均长8厘米，粗0.35厘米，节间长1.3厘米，是形成结果母枝的主要枝梢。夏梢粗壮，节间长，平均长28厘米、粗0.8厘米、节间长1.8厘米左右。多年生枝梢不定芽抽生的粗壮枝称徒长枝，通常会扰乱树形。秋梢生长适中，也是优良的结果母枝，平均长25厘米，粗0.55厘米，节间1.6厘米左右。梢上有刺。

（三）叶片

温岭高橙叶片为单生复叶，椭圆形，先端尖，叶质厚，叶色浓绿，叶翼较大。春叶平均宽4.4厘米，长8～10厘米，厚0.34毫米，叶脉明显，主脉隆起，侧脉7～9对，叶正面绿色，背面淡绿色，叶柄长1～1.2厘米，翼叶偏小，长0.9厘米，宽0.2～0.3厘米，但夏梢及徒长枝上的翼叶较大，常呈鸡心形。

温岭高橙的叶片与其他柑橘类品种一样具有光合作用、吸收作用和蒸腾作用，是制造和贮藏养分的重要器官。

（四）花

温岭高橙的花是混合花。花蕾比温州蜜柑大，黄白色，椭圆形，直径0.8～0.9厘米，花瓣一般5裂，匙形，宽0.6～0.7厘米，长1.4～1.5厘米，先端尖，盛开时香味浓，花瓣向外反卷，油胞明显，花萼淡绿色，5裂，油胞少，花梗粗0.1厘米左右，长1.1～1.2厘米，雄蕊花丝粘连，药囊长椭圆形，黄色，花序为总状花序或单生，能单性结实，而产生无核果实。

（五）果实

温岭高橙的果实由子房发育而成，属柑果。其连接果梗的一端称果蒂，与果蒂相对称的一端称果顶(又称脐部)。其果皮分为外果皮、中果皮和内果皮三层。外果皮为油胞层，中果皮为海绵层，内果皮为心皮发育而成的囊瓣，是温岭高橙的食用部分。

果实高扁圆形，果形指数0.81～0.92，果皮厚0.5～0.68厘米，果皮粗糙，橙黄色，单果重200～800克，最大可达1000克以上；囊瓣数10～12瓣，可食率57.8%，果肉柔软多汁，酸甜适中，清香可口，略带苦味，种子数0～30粒不等，果汁含量50%左右，含可溶性固形物9%～14%，可滴定酸1.5%～2.5%，有清香。

二、生长发育特征

（一）根系的生长

温岭高橙主根深，侧根发达。一般在3月底至4月初，当土壤温度上升到12℃左右时开始生长，生长适温为25～26℃，超过37℃生长停滞；对土壤肥力和湿度要求不严，能耐旱、耐涝和耐瘠薄。在一年中一般有3个生长高峰，并与枝梢交错生长，通常在每次新梢停止生长后都会出现1次生长高峰。根量以春梢自剪后至夏梢抽生前最大，其次是秋梢停止生长后，在夏梢抽生后发根量较少。

(二) 枝梢生长

温岭高橙一年能多次抽梢。当春节气温回升温度在12℃以上(4月)时，春梢开始萌发。当新梢生长到一定长度，顶端生长点自行枯黄脱落，这种现象称顶芽自剪。自剪后的生长主要是枝梢的增粗，直至老熟。夏梢在6～7月陆续抽生，结果树夏梢抽生与幼果争夺养分，加剧落果，所以，对青壮年结果树要抹除夏梢。秋梢在8～10月抽生，又可分为早秋梢和晚秋梢。晚秋梢因发育期短，不能完全老熟，营养积累少，质量差，花芽分化不良，而且容易受冻，一般予以抹除。秋梢发梢量受到结果量的限制，结果多则秋梢发生量少，结果少则发生量多。在肥水条件较好时，幼树期一年可抽4次梢。

(三) 开花结果

温岭高橙一般在采收前后至翌年春季萌芽前进行花芽分化。4月初现蕾，4月底至5月上旬为盛花期。生理落果在5～7月，谢花后就开始陆续落果，一直到6月下旬才基本稳定。落果高峰期在5月中下旬，后期落果极少，坐果率2%～5%。果实一般在11月下旬至12月上旬采收，果实发育期为190～200天。

三、生长周期

(一) 生命周期

温岭高橙的生命周期，是指从幼苗定植到衰老死亡的全部历史时期。高橙在其整个生命周期中，要经历生长、结果、衰老、更新和死亡5个时期。每个时期，又可以根据树体生长结果情况，划分为若干个更小的历史时期。生长期是指从幼苗定植到开始结果的时期，这个时期的长短与苗木的种类如实生苗、嫁接苗有关，也与栽培管理水平的高低和修剪程度的轻重密切相关。结果期又可细分为初果期、盛果前期、盛果期和盛果后期；衰老期又可分为衰老更新期和衰老死亡期。每个时期的长短，也都与栽培管理水平和整形修剪技术有关。

1.幼树期

幼树期是指从苗木定植到开花结果这段时期。幼树期的特点是，树体迅速扩大，开始形成骨架，新梢生长量大，地上部分和根系的生长都较旺盛，且根系的生长快于地上部分，叶片光合面积增大，树体营养积累增多，为开花结果奠定基础。幼树期的长短与栽培技术密切相关，扩穴施肥、增强根系等增进营养积累的技术措施都能够缩短果树幼树期。

幼树期的主要任务是加强土壤改良和肥水管理，促进营养生长，合理修剪，培养健壮的树冠骨架。

2.结果初期

结果初期是指从开始结果到大量结果前这段时期。结果初期的特点是树体从单一的营养生长逐渐向营养生长和生殖生长趋于平衡的过渡阶段，枝条生长旺盛，抽梢次数多，分枝大量增加。根系继续扩展，须根大量发生，结果部位常在树冠外围中上部的长、中枝上。果实味淡、品质较差，不耐贮藏。随着树龄的增大，树体生长势逐渐减弱，结果枝数量增多，产量不断提高。

结果初期的主要任务是保证树体健壮生长的基础上，大量增加侧枝，扩大树冠，稳步提高产量。

3.盛果期

盛果期是指树体进入大量结果的时期，即从有一定的产量开始，经过高产、稳产，到产量开始显著下降之前的这段时期。这个时期树体的树冠和根系均已扩大到最大，骨干枝生长缓慢，枝叶生长量减小。营养枝减少，结果枝大量增加，并形成大量花芽，产量达到高峰。果实的大小、形状、品质完全显示出该品种的特性。

盛果期的主要任务是加强地上部和地下部的管理，尽量保持营养生长和生殖生长的平衡，以延长盛果期。

4.衰老期

盛果期后，当产量明显下降，骨干枝先端出现干枯，树体进入衰老期直至死亡。衰老期的特点是结果的小枝越来越少，产量急剧下降，果实变小，骨干枝、骨干根大量衰亡，病虫害加重。

衰老期的主要任务是加强肥水管理和更新复壮，延长经济寿命，对过于衰老已无更新复壮的树体应考虑砍伐清园，刨出树根，另建新园。

(二) 物候期

温岭高橙是常绿果树，全年生长期长，无明显休眠期，仅有生长和相对休眠的交互现象。树体在一年中随着四季气候的变化，先后有序地经历萌芽、抽梢、开花和结果等生命活动的现象，称为物候期。温岭高橙的物候期可分为萌芽期、枝梢生长期、花蕾期、开花期、果实发育期、果实成熟期和花芽分化期等。

1. 萌芽期

芽体膨大并伸出苞片时称为萌芽期。

2. 枝梢生长期

从嫩枝形成到新梢停止生长的时期称枝梢生长期，又称抽梢期。"自剪"时称停梢期。

3. 花蕾期

萌芽后能辨别出花芽时起至开花前，称花蕾期。幼芽中的花蕾生长到1毫米大小，能区分花芽时，称现蕾期。

4. 开花期

花瓣向外开张能看见雌、雄蕊时至花瓣开始脱落时期称开花期。又可分为初花期、盛花期和谢花期。一般全树5%的花开放时为初花期；25%～75%的花开放时为盛花期；75%以上的花开放并伴随花瓣脱落时为谢花期。

5. 果实发育期

从子房开始膨大至果实囊瓣发育完全，种子充实的时期称果实发育期。温岭高橙果实发育期一般有两次生理落果。果实采收前的果实脱落称采前落果。

6. 果实成熟期

当果实表皮开始转色，直至完全着色，达到品种固有色泽，果肉的可溶性固形物及固酸比达到一定的标准，并具有品种固有风味和质地时，称为果实成熟期。

7. 花芽分化期

从营养芽转变为花芽，通过解剖能识别起到花器官分化完成为止，称为花芽分化期。

温岭高橙3月下旬进入萌芽期，4月初现蕾，4月底至5月上旬为盛花期。果实发育期从5月中旬至11月中旬，生理落果期在

5~7，11月上旬进入转色期，12月上旬进入果实成熟期。花芽分化期一般从10月开始，到翌年3月结束。

四、对环境条件的要求

温岭高橙适应性广，抗逆性强、抗病、耐旱、耐涝、耐瘠薄，适宜在山地、平原、海涂地等不同立地条件下栽培。但适宜的生态条件，可使温岭高橙丰产稳产，品质优良。

(一) 气候因子

1.光照

温岭高橙属于耐阴性较强的果树，但在生长发育过程中仍需要较多的光照进行光合作用。光照好、叶色浓绿、光合产物积累多，树形开张，果实着色好，品质佳。光照过强，尤其在高温干旱季节，强烈的日光会使外层果实和枝干朝天的树皮灼伤。光照不足，常生长不良，叶片大，叶肉薄，叶色黄，果实小，品质差，蚧壳虫、粉虱、烟煤病等特别严重。如果树冠外围枝叶密生，内部光线不足，常造成内膛枝枯死，以致降低产量。冬季光照不良，则花芽分化就差。温岭高橙最适宜的光照强度为1.2万~2.0万勒克斯，饱和点为3.5万~4.0万勒克斯，光的补偿点为1.3万~1.4万勒克斯。

2.温度

温岭高橙属亚热带常绿果树，性喜温暖湿润的气候，畏寒冷。因此，温度是温岭高橙分布与生长发育的关键因素，同时也影响果实的产量和品质。温岭高橙的年平均温度要求在15℃以上，极端低温在−5℃以上。温岭高橙萌芽温度在12.5℃左右，其后随着温度的上升生长加快，温度在23~29℃时，树体同化量最多，生长也最快，超过37℃时，生长就停止。在适宜温度范围内，气温越高，果实品质越好，超过临界高温时，会引起落叶落果、果实灼伤等。超过临界低温，轻者落叶，重者枯死。一般植株生长越旺盛，越不耐寒，休眠程度越深越耐寒。以枳为砧木生长势强的成年树耐寒力较强，幼树或弱树则耐寒力弱。如果低温加上管理粗放，冬季干旱和受寒风袭击，则冻害加剧。果实品质与温度也有密切关系。温岭高橙果实发育期，特别是果实发育后期，昼夜温差大，有利于果实生长和糖分积累，以及果实表皮着色。

3.水分

水分是温岭高橙生存不可缺少的因子，也是组成树体的重要原料，树体枝叶和根部的水分含量约占50%，果实的水分则占85%以上。树体内的一切生理活动都必须在水的参与下才能正常运转。由于温岭高橙是常绿果树，其周年需水量较多。如水分不足，叶面气孔关闭，使蒸腾作用减弱，同时也削弱了光合作用。温岭高橙主产地年降水量在1000毫米以上，一般都能满足水分的要求，但一年中时空也常分布不均。东南沿海地区雨水多集中在春末夏初，容易造成授粉不良，病虫增多、生理落果严重。夏秋季节又常干旱，影响果实发育和秋梢的抽生。有时冬季干旱能削弱树势和抗寒力。果实发育期要求供水均匀，成熟前1个月适当干旱，有利于果实糖分的积累，可以提高果实品质。

(二) 土壤因子

土壤中的理化性状，保水、保肥和供水、供肥的能力，直接影响温岭高橙根系的生长发育。调节好土壤中的水、肥、气、热是温岭高橙丰产优质的基本保证。

1.土壤温度

土壤温度直接影响树体根系活动、土壤理化特性和微生物活动。土壤温度主要来自太阳辐射能，也受地球内部地心热的影响。夏季越近地表温度越高，冬季则相反。土温变化明显地影响根系的吸收活动。高温季节，中午前后地表温度可达40~50℃，常有细根枯死、粗根受伤现象。土层深处的温度较稳定，根系可周年活动。土温增高，有利于微生物活动，促进根系吸收；土温降低，微生物活动受抑制，影响有机质的矿物元素分解，对养分释放不利。土温还受地势、地形、坡向、土壤结构、质地、颜色、含水量和植被的影响。一般是南坡较北坡土温高，盆地较开阔地土温高，结构良好的土壤比较干板结的土壤土温变幅小。土色深，吸热力强，增温快，散热也快。土壤有机质含量高，保温力强，土温变幅小。因此，增施有机肥、果园生草、土表覆盖，可缩小土温变幅，有利根系的生长吸收。

2.土壤水分

温岭高橙正常生长结果最适土壤含水量，一般为田间持水量的60%~80%。当土壤中水变为无效水时，树体表现缺水，吸水与蒸腾平衡被破坏。当土壤水分进一步减少时，树体出现永久性萎蔫，这时的含水量称为萎蔫系数，也是树体可利用水分的下限，如不及时灌溉，将严重影响树体的正常生长发育。土壤水分过多，会使土壤空气减少，根系呼吸减弱，微生物活动受抑制，养分不易被分解吸收，甚至根系发生无氧呼吸，产生有毒物质，导致根系生长不良或死亡。因此，合理调控土壤水分，不仅可调节空气湿度，也有利于增强树势，提高产量和品质。

3.土壤气体

土壤中必须有足够的空气，根系才能正常生长活动。土壤中空气多少取决于土壤的孔隙度和土壤含水量，土温和大气变化也有一定影响。土壤疏松、水分适度时，土壤空气含量大，氧气充足；反之，土壤板结、孔隙度小，空气不易流通，土壤中空气少，氧气含量低。土壤含水量过多，则空气更少。不同土层深度含氧量也不同，一般是随土层深度下降，根系生长受阻，根毛减少，吸收力减弱；同时，微生物活动减弱，有机质分解缓慢，矿质元素不能在微生物作用下迅速分解和释放，并且根系周围二氧化碳浓度增高，土壤酸度加强，因而阻碍无机离子吸收。

4.土壤酸碱度

土壤酸碱度直接影响土壤的理化特性、土壤营养元素的分解及存在状态、土壤溶液的成分以及土壤微生物活动，从而影响树体根系的吸收机能。温岭高橙要求中性偏酸的土壤，在pH值4.8～8.5范围内均可栽培，但以6～6.5为宜。以枳作砧木的，pH值要求在7以下。

5.土壤深度

温岭高橙属深根性果树，土壤深浅直接影响其根系的分布和根系吸收养分、水分的范围。土层越深，根系分布越深，能稳定地吸收土壤中的养分、水分，因此树体健壮，结果良好，寿命长，对不良环境的抵抗力强。相反，土层浅则根系分布浅，土壤的温度、水分变化剧烈，导致树体生长不良，树冠矮小，树势弱，寿命短，抵抗不良环境的能力弱，产量低而不稳。因此，温岭高橙种植地要求土层厚度在1米以上，最低不要少于0.6米。如山地土壤浅薄，需要深挖和培土，增加土壤层厚度，才能使根系发达，地上部茂盛。

（三）地形、地貌

1.海拔高度

虽然海拔高度不是决定温岭高橙生长的先决条件，但是海拔每升高100米，气温就下降0.5～0.6℃，年降水量增加30～50毫米。因此，必须考虑到海拔因素的影响。另外，随着海拔的升高，昼夜温差加大，对于果实着色和糖分积累均十分有利。

2.地形

地形不同会造成小气候及土壤肥力的不同。一般海拔较高或山顶山脊，日照强烈，温湿条件差，不适于种植温岭高橙；低洼地容易积水，不利于根系发育，同时容易沉积冷空气，易发生冻害。因此，这些地方都不适宜种植温岭高橙。

3.坡度、坡向

坡度对土壤肥力、土壤水分和土层厚度有较大的影响，坡度可分为四级，坡度在10°以下为缓坡，10°～25°为斜坡，25°～40°为陡坡，40°以上为峻坡。坡度越大，水土易流失，土层较薄，生长条件越差。一般以在缓坡或斜坡上栽植为宜。坡向一般以南坡为好。但如果是丘陵缓坡地，因高差不大，可不考虑坡向问题。

第三章　标准化生产技术

一、无病毒苗木的培育

温岭高橙无病毒苗是指砧木种子经过消毒处理或来自专用砧木种子园，接穗采自脱毒采穗圃或母本园，育苗过程中严格按照柑橘无病毒苗木繁育规程，执行无病毒操作而培育出来的不带黄龙病、裂皮病、碎叶病等病毒病或类似病毒病害的温岭高橙苗木。

由于无病毒苗采用营养土容器培育，苗木根系发达，生长健壮；带营养土定植，不伤根，成活率高，无缓苗期。栽植后苗木生长速度比普通苗要快一倍，成园快，一般能提早2年进入盛果期，丰产优质，且经济寿命长10年以上。在同样的培养条件下，比常规苗增产25％～30％，果实大且整齐。因此，培育温岭高橙无病毒苗是温岭高橙标准化生产的基础，也是温岭高橙产业持续、健康发展的保障。

（一）育苗场地和生产设备

育苗场地应选择地势平坦，向阳避北风，自然隔离条件较好，水源充足，电源、交通方便，场地较大的地方。在黄龙病发生区，无病毒苗圃建立在由40目塑料纱网构建的网室内；在非黄龙病发生区，苗圃建立在田间，用围墙或绿篱与其他柑橘种植地隔开。

1.塑料大棚和网室

适于容器育苗的大棚骨架类型多，可根据育苗需要选择。安装大棚以南北方向为宜。大棚骨架安装后，在骨架上覆盖塑料薄膜，即为塑料大棚；在大棚骨架上覆盖40目塑料纱网，即为网室。

2.喷灌系统

塑料大棚内安装微喷灌系统，以保证供给幼苗生长用水和调节棚内温、湿度。一次喷水可降低棚内温度3～6℃，并使相对湿度保持在80%～90%。高温干燥季节每日上午和下午各喷一次水，每次喷水5～8分钟，喷水量3毫米左右。其他季节视苗钵培养土干湿程度隔日或数日喷水一次。

3.生产设备

包括堆料场、搅拌机、粉碎机、育苗容器、浇水管、喷水壶、喷雾器、斗车、枝剪、芽接刀等。育苗容器分为两种类型。一种类型是用于播种砧木种子的称为播种盒，由黑色硬质塑料压制而成；另一种类型是用于培育嫁接苗的称为育苗钵，由聚乙烯薄膜压制成型。育苗钵圆形，高30厘米，直径15厘米。

(二) 培育砧木苗

1.砧木种子的采集和消毒

砧木种子要采自优良砧木品种(如枳、构头橙、高橙、枳橙等)，无黄龙病、裂皮病、碎叶病和其他检疫性病虫害。播前要进行种子消毒，先在保温容器内倒入57℃的热水，将砧木种子用纱网袋装好，置于50～52℃热水中预浸5～6分钟，取出后立即投入保温容器内，注意使水温保持在55℃±0.3℃，处理50分钟。取出后，立即摊开冷却，稍晾干，待播。凡要接触已消毒种子的人员，必须先用肥皂洗手。

2.营养土的配制

营养土是容器育苗的基础。营养土基质原料的来源较多，常见用于育苗的基质原料有无机类：黄土或红壤土、河沙、果园或森林地表土、泥炭或泥浆土、珍珠粉；有机类：草炭、锯木屑、谷壳、糠壳、菌渣、酒糟、猪粪肥、甘蔗渣、橙皮渣等。其中应用最广泛的基质原料为黄土等各种类型的土壤、河沙、锯木屑、谷壳、草炭。常见的配方是用谷壳30%、泥炭土30%、土壤表土35%、有机质等5%，配制前泥炭土和土壤表土需粉碎，按适当比例加入氮、磷、钾等营养元素，用搅拌机进行搅拌后，用塑料薄膜覆盖发酵3～4个月。

3.播种

播种苗床依据育苗网室大小进行规划布置，一般苗床宽100厘米，深18厘米，长依实际而定，填入17厘米厚的营养土。播种时间是10～11月。

播种时种子在苗床上按500～600粒／平方米进行散播，播后覆盖1～1.5厘米的营养土，可再用稻草覆盖2厘米厚，浇透水。苗床保持地温25℃以上，当温度超过30℃时，要立即揭草和喷水；相对湿度保持在80%～90%。苗出土后，隔7～10天喷1次杀菌剂(多菌灵或托布津等)，防治立枯病、炭疽病和根腐病，及时剔除病弱苗。当苗高5厘米以上时，追施0.1%～0.2%复合肥溶液，待苗高达15厘米以上时即可移栽。

4. 砧木苗移栽

移栽时间以砧木苗高度为准，一般秋冬播种的在4月中下旬即可移栽，春季播种的在5月下旬至6月中旬移栽。移栽前给幼苗灌水，以便取苗时不伤根。淘汰根颈或主根弯曲、弱小和变异苗。将育苗容器装入1/3高的营养土后，把砧木苗放入育苗容器中，使主根直立，边装土边适当抖实，使土与根系密接。浇透定根水。

5. 砧木苗管理

砧木苗移栽后约15天时，施一次0.15%复合肥溶液，以后每月施肥1~2次，并加入0.3%的尿素液。在夏季，要注意保持营养土湿润。偏倒的苗木要及时扶正，使挺立生长。经常剪除根颈以上20厘米范围内的分枝和针刺，保持嫁接部位光滑。要做好螨类和潜叶蛾等害虫的防治工作。

(三) 培育采穗母本树

1. 采穗母本树来源

选用经过脱毒中心进行脱毒的温岭高橙苗培养采穗树。采穗树用40~50厘米×40~50厘米美植袋定植于网室内，定植密度为100厘米×100厘米，定植后第二年开始采集接穗。

2. 母本树管理

选定的母本树在剪取接穗时期，不能结果。在7月初对母本树进行修剪，对部分枝条短截促发较多的新梢，保证有足够的接穗用于繁殖幼苗。增加施肥次数，促使母本树旺盛生长，因在网室内栽培管理，室内温度、湿度与网室外不同，要经常观察其病虫发生情况，注意喷药保护使其不受病虫危害。采接穗前如遇干旱天气，对母本树连续浇水3次，保证枝叶含水量高。

削取接芽时，芽片光滑无干燥现象，有利于提高嫁接成活率。

3.剪取接穗

剪取接穗要尽可能接近嫁接时期。剪取接穗的最佳时间是上午，中午和下午温度高不宜剪取接穗。剪穗工具需用1%次氯酸钠液消毒。剪穗后应及时除去叶片，用湿润白布包好，放进塑料袋中封口，挂上标签，置放在3～5℃冰箱中冷藏，贮藏3个月成活率不受影响。

（四）嫁接

当砧木苗高达35厘米以上，主干10厘米高处的粗度达0.7厘米左右，即可开始嫁接，嫁接部位必须离根颈部10厘米以上。嫁接工具必须用洗衣粉洗净，再用10%～20%漂白粉消毒，用清水冲净。嫁接人员必须衣着干净，用肥皂洗手。

1.嫁接时间

腹接在8月下旬至9月下旬为最适期，切接宜在3月中旬至4月中旬。嫁接应选择在阴天或晴天进行，刮燥风及下大雨前后嫁接会影响成熟率。

2.嫁接方法

常用的嫁接方法有单芽腹接和单芽切接两种，一般以秋季腹接为主，春季切接为辅。

（1）削接穗。选取芽眼饱满健壮的接穗，在芽眼下方1～1.5厘米向前斜削一刀，呈45°斜面，翻转枝条使最宽的一面向上，在芽0.2～0.4厘米处下刀，向前削去皮层，要求削面平滑、不起毛、不带木质部、恰到形成层。最后，将接穗侧转，使芽点向上，在芽眼上方0.2厘米处直削一刀，将其削断，放在清水盆中或湿毛巾上保湿待用。接芽浸泡在水中的时间不宜超过2小时。

（2）单芽腹接。在砧木离地面5～10厘米处，选择光滑一面，用嫁接刀沿皮层向下平稳切下，长约2厘米，深度以恰到形成层、稍露白为宜，削面平滑、不起毛，将削开的皮切去1/3～2/3。将削好的接芽放入切口内，使切面相对紧贴。丁字形芽接在砧木较光滑处横切一刀，再在横刀口中间纵切一刀，使呈"T"形切口。用刀柄尖把接口挑开，将芽片由上而下轻轻插入。最后用塑料薄膜条绑扎严密。

（3）单芽切接。在砧木离地面5～10厘米选择平直光滑处剪断，于平滑一面斜削一刀，削面呈30°～45°。在削断面低侧部位向下纵切一刀，削面平滑、稍露白色，切面长短视接芽长短而定，一般比芽略短。放入接芽，接芽基部要插入砧木切口底部紧贴，并使芽与砧木形成层对正。最后用塑料薄膜条绑扎，露芽眼。

（五）嫁接后的管理

1.补接

嫁接后15天左右，检查成活情况，如果接芽变黄，表明未接活，应立即补接。

2.除膜

春季嫁接的待接芽长至15厘米时解除薄膜。秋季嫁接的一般在翌年春季解除薄膜。

3.除萌

砧木上抽生的萌蘖枝要及时剪除，一般7～10天剪1次。

4.剪砧

秋季嫁接的苗在翌年3月进行第一次剪砧，将成活株接芽上面10～15厘米以上的砧木剪除；待接芽第一次停止生长后，进行第二次剪砧，从嫁接口处，以30°外斜剪去留下的砧桩。春季嫁接的，在接芽成活后进行第一次剪砧，第一次梢成熟后进行第二次剪砧。

5.摘心、整形

当嫁接苗高50厘米时进行摘心。摘心后抽生的分枝，在主干的不同方向留3～4个分布均匀的分枝，多余的剪除。要注意最低的第一个主枝必须离根颈部20厘米，最高不超过30厘米。

6.肥水管理

从春芽萌发前至9月，每月施肥1～2次，以速效肥料为主。10月以后不再施肥，以免抽生冬梢。干旱季节适时灌(浇)水使土壤保持湿润。

7.病虫害防治

幼苗期喷3～4次杀菌剂防治苗期的根腐病、立枯病、炭疽病和流胶病等；虫害主要有螨类、鳞翅目类，可针对性用药。

8.育苗网室的管理

无病毒苗木育苗全程在40目防虫网室内进行，以避免传病虫媒传病，定要加强网室的管理工作，绝对确保防虫网的防虫功能，并对进出网室的人员要进行严格消毒。

(六) 苗木出圃

苗木出圃时，对苗木的品种、砧木、嫁接日期、出圃时期、定植去向等情况进行详细记载，便于跟踪调查。参照GB 9659—2008《柑橘嫁接苗》国家标准，温岭高橙无病毒出圃苗木要求品种纯正，无检疫性病虫害及柑橘潜叶蛾、螨类等虫害，径粗达到1厘米以上，苗高60厘米以上，主干高度(即第一分枝高度20～30厘米，主干以上有分布均匀的主枝3～4个，根系完整，细根发达。

二、果园的建立

(一) 园地选择

温岭高橙种植地要求年平均温度16～22℃，绝对最低温度≥－5℃，1月平均温度≥4℃，≥10℃的年积温5000℃以上。水质、大气质量符合国家有关规定，土壤质地良好，疏松肥沃，有机质含量宜在1.5%以上，土层深厚，活土层宜在60厘米以上，地下水位1米以下的平地或坡度25°以下、背风向阳的丘陵山地。

环境污染会对温岭高橙的生长结果产生不利影响，同时也影响果实的食用安全性。温岭高橙对空气中的二氧化硫、氟化物和一些有机化学污染物敏感。火电、钢铁、水泥、石化、化工、有色金属冶炼等高污染企业以及废旧电器拆解场所会大量产生工业"三废"，即废气、废水和废渣，造成严重的环境污染。因此，在进行果园的选址时，务必要远离这些污染源。应选择在生态环境良好，无或不受污染源影响或污染物限量控制在允许范围内，生态环境良好的农业生产区域。同时，在选择园地时，除选择交通方便、坡向适宜、土层较深、土质疏松、排灌方便的平地或低山缓坡地建园外，还特别应注意温岭高橙对气候、土壤的要求，有针对性地进行选地。

(二) 园地规划

园地规划应根据地形、地势，因地制宜，做到园区果、林、田、路、水、贮等设施综合考虑，合理布局，既要适宜温岭高橙生长结果，又便于生产管理，降低成本，提高生产效率。同时，要重视与自然环境的相互协调，最大限度地利用现有的地形、道路、水利等条件，减少对自然的破坏，保护生态环境。

1.小区划分

园地选定后，土地开始整理之前，为方便管理，应根据地形、土质和环境特点，将全园划分成若干种植区。划分小区应以品种、品系按山头坡向划分，最好不要跨越分水岭，并尽可能使一个小区的土壤、气候、光照条件大体一致，尽可能便于营造防护林和果园运输的机械化。若地形复杂，小区面积可以小一些，一般为15～30亩；若为缓坡地或平地，小区面积以30～50亩为宜。小区形状可根据果园具体情况而定，一般以长方形为宜。山地可采用等高线小区，以利于保持水土及机械耕作。

2.道路规划

道路规划应以便于交通运输和果园管理为原则，由干路、支路和小路三级组成。干路是全园交通大动脉，内通各大区和各项设施场所，外接公路。路宽以能通汽车为原则，5～6米。支路要连接干路，是通往各小区的主要道路，路宽以能通小型拖拉机为标准，2～3米。小路是行人和手拉车通道，外连支路，内通各个梯地，要求路宽1～1.5米左右。

3.水利系统

果园水利系统由排水系统、蓄水系统和灌溉系统3部分组成。

（1）排水系统。排水系统的作用，一是在下雨时防止洪水冲刷果园，及时将多余的雨水排到园外；二是降低地下水位，防止果园积水，这在低洼地和一些水田改建成的果园特别重要。排水系统主要包括防洪沟、排水沟和梯地背沟等。在果园外围与农林交界处，特别是山地果园上方有较大集雨面的，必须在果园上方设置防洪沟，将水流拦截到园外。拦山沟大小视上方集雨面积大小而定，一般要求深、宽各60~100厘米。排水沟有主排水沟和一般排水沟之分，主排水沟用于汇集一般排水沟的来水。坡地果园的主排水沟大多沿等高线设置，一般排水沟为顺坡设置。平地果园的主排水沟通常与种植行向垂直或沿主干道和支路设置，一般排水沟或行间排水沟与种植行向平行。梯地在梯壁下设置背沟，方便梯地排水，防止梯地因积水而崩塌。

(2) 蓄水系统。蓄水系统包括水库、水塘和蓄水池等。水库和水塘属于较大的水利工程，其规划设计要按照国家的有关规定执行。蓄水池要设置在容易汇集雨水又能自流引水灌溉的地方，一般设置在果园的中上部，勿设置在山顶。大、中型蓄水池是灌溉和喷药用水的主要来源，在园内的分布要相对均匀，并设置在交通比较方便的路边。山地果园尽可能多设置小蓄水池，兼作蓄水和沉沙的作用。

(3) 灌溉系统。普通的灌溉系统由水源、引水渠、引水沟组成。管道类灌溉系统则需要安装提水或加压设施、管道和控制系统等。果园灌溉方式可以分为普通灌溉和微灌两大类。普通灌溉又可以分为沟灌、漫灌、简易管网灌溉和浇灌等方式。微灌又可以分为滴灌、微灌、渗灌等。普通灌溉的建设成本较低，容易维护，但灌溉效果较差。微灌是将输水管铺设到每株树体下，水过滤加压后直接送到根区。微灌建设成本较高，需要专业维护，但水利用率高，灌溉效果好，同时可实现肥水同灌，减少施肥用工。

4.水土保持工程

一般说来，在坡度超过14°的坡地上建果园应先进行坡改梯。修筑水平梯田能最大限度改变坡度，消除径流，减少水土流失，特别对于陡坡效果尤其明显。梯面的宽度要因地制宜，以不小于3米为好，梯面过窄人员通行困难，生产操作不便；如果局部坡度过大，坡改梯的梯面宽度达不到3米，应放弃并保留自然植被为好。山顶也要保持足够的涵养林，俗称"山顶戴帽"。梯壁的高度一般控制在1米以下，最高以不超过1.5米为宜。

5.防护林设置

防护林能阻挡气流，降低风速，减少风害，减少土壤水分蒸发，减少地面径流，调节温度，增加湿度，改善小气候等。所以，防护林可以栽在果园的四周，山地果园可栽在沟谷两边或分水岭上。防护林的方向与距离应根据主风方向和具体风力而定。一般主林带与主风方向垂直，栽植4行以上树；副林带与主林带垂直，栽植2～4行树；可采用乔、灌木混栽。主林带与果树保持10～15米的距离。

6.建筑物规划

果园建筑物包括办公场所、生活区、畜牧场、仓库、工具房、包装场、贮藏库等，这些都要安排在交通方便的地方。果园应建有专用仓库，单独存放农药、肥料和施药器械等物品。另外，还要考虑粪池、沤肥坑和蓄水池的建设，以方便施肥、灌水和用药。

（三）建园改土

温岭高橙丰产果园一般要求活土层60厘米以上、土壤肥沃、质地疏松、有机质含量1.5%以上，土壤pH值5.5～6.5。大多数荒山荒坡达不到这个标准。因此，土壤改良是温岭高橙建园的重要工作。改良土壤的措施主要有壕沟改土、挖穴改土、作畦改土等，采用何种改土方式，要视具体情况而定。

1.壕沟改土

壕沟改土就是开挖宽度1.0～1.5米，深度0.8～1.0米的改土沟，回填时埋入改土材料的改土方法。壕沟改土是一条壕沟种植一行树体，壕沟的方向即植株的行向。平地或缓坡地上采用壕沟改土时，为了使树体能充分利用光照，一般采用南北向。而坡地上的壕沟是在梯面上开挖，只有随梯面走向。

壕沟回填时，每立方米壕沟用杂草、作物秸秆、树枝、农家肥料等改土材料30～60千克(按干重计)分3～5层填入沟内。粗料放底层，细料放中上层。温岭高橙的大部分细根群分布在距地表10～40厘米范围内，因此，改土施工时要将最肥沃的土壤和主要改土材料分布在这个范围内。但是，由于土壤回填后经过一段时间会下沉10～20厘米不等，如果回填时加入的杂草等有机质很多，下沉幅度可能更大。因此，回填时应高出地表20厘米以上；最肥沃的土壤和主要改土材料一般回填在地表下0～10厘米范围内，待回填土壤下沉后，肥沃的土壤和主要的改土材料下沉至地表下10～40厘米。

2.挖穴改土

方法是开挖直径1.0～1.5米，深0.8～1.0米的改土穴，回填时埋入改土材料。挖穴改土可采用定植方格网方式确定温岭高橙种植的行向和株向，通常为南北行向，东西株向。根据株行距大小，按照定植方格网来确定在地面上定植穴的位置，用石灰、竹签或打一个小木桩做标记，使温岭高橙种植后横向、竖向和斜向成行，果园美观整齐。挖穴的土壤堆放方法与开挖壕沟相同。回填改土穴时，最好全部回填耕作层土壤或表土，这样，改土穴内土壤比较肥沃，有利于温岭高橙的生长。挖起来的心土、生土或成土母质摊放在行间风化和熟化。

3.作畦改土

作畦改土也称起垄改土，是指将土壤聚拢成畦，在其中加入改土材料的改土方式。作畦改土有两种基本方式，一种是壕沟改土作畦，另一种是聚土作畦。壕沟改土作畦是在壕沟改土基础上，将回填土高出地面0.6米以上，形成畦面。聚土作畦是将表层土或水田的犁底层以上土壤聚拢成畦，畦面高0.6米以上。作畦改土常用于水田、河滩地、平地等较容易积水地块的建园改土。

(四) 苗木栽植

1.苗木选择

提倡栽植无病毒苗、大苗、壮苗和容器苗。以选苗高1米左右，并经整形，具有3个以上主枝，主干基部叶片尚未脱落，根群发达，分布均匀，须根较多的苗木为理想。定植前，要先行分级，好苗、壮苗先种，使种植后幼苗生长整齐一致，投产快，单产高；弱苗、小苗要经假植复壮后再带土移植，以提高成活率和生长势，对于出现花叶黄梢的苗木，应及早淘汰，以防病虫害传染蔓延。

2.种植时间

裸根苗一般在9～10月秋梢老熟后，或2～3月春梢萌发前栽植，容器苗宜在3～10月栽植。冬季有冻害的地区宜在春季栽植。

3.栽植密度

根据品种、砧穗组合、环境条件和管理水平等确定栽植密度。按每亩栽植永久树计，温岭高橙一般以30～60株为宜，株行距(3～4)米×(4～5)米。提倡适当稀植和宽行密株。稀植园虽然前期产量不高，进入盛产期较晚，但可以避免密植园生产操作不便、病虫害多、果实品质不高、树体易早衰等问题，且有利于对果园实行机械化或半机械化操作，在目前劳动力价格越来越高的形式下尤为必要。

4.栽植

先挖定植穴。裸根苗用泥浆蘸根，将苗木的根系和枝叶适度修剪后放入穴中央，舒展根系、扶正、边填边轻轻向上提苗、踏实，使根系与土壤紧密接触。栽植深度以根茎露出地面5~10厘米为宜。容器苗栽植时先从容器中带土取出苗木，用手抹去外层土壤，露出部分根系，再放入定植穴中央，培土、扶正、踏紧，根颈露出地面5~10厘米。浇透定根水。

5.栽后管理

苗木栽植后要及时灌水，保证根部湿润。天气干燥时要增加灌水次数，防止干旱死苗。如果有条件，最好在栽植后在树盘地表覆盖地膜或10厘米左右的稻草等覆盖物。苗木成活后开始浇施薄肥，如0.3%~0.5%尿素、复合肥或磷酸二氢钾等，每月浇施1~3次。

（五）大树移植

大树移栽的适宜时期为萌芽前，要点是边挖树、边定植、边浇定根水；尽量保护根系完整，尽量多带土团或土球，尽量去除枝叶，以求栽活。

1.时期

移植时期分为春、秋二季进行。春季移植在春梢萌动前的2月中旬到3月中旬进行。秋季移植适于暖冬地区于9月下旬到10月中旬进行。

2.移植

提早挖好移植沟穴。春植应当在上一年的秋季挖好；秋植的则在栽前1个月挖好。山地梯田移植沟位置选在梯田外沿的1/3～2/5处，以充分利用田间边际效应。同时，在沟穴施足定植肥。每株按腐熟厩肥1.5千克或饼肥0.3千克加磷肥0.2千克与熟土充分拌匀施入。移植前应该对枝叶进行疏剪和回缩，保留骨架和适量枝叶，并充分灌水，以便根系多带土团或土球。栽植时，先将运输过程中受伤的枝叶进行修整，剪除过长的主枝和多余的枝叶，根系多，多留叶，反之则少留。一般剪除量掌握在30%～50%左右。

三、整形修剪

整形与修剪是温岭高橙标准化栽培中的重要技术措施之一。整形修剪的最终目的是使树体结构合理，通风透光，减少病虫危害，使营养生长与生殖生长趋于平衡，形成立体结果，从而达到丰产、稳产、优质的种植目标。整形是根据不同的立地条件、栽培制度、管理技术以及不同的栽培目的要求，在一定的空间范围内培育一个较大的有效光合面积，能负担较高的产量，便于管理的合理树体结构；修剪是根据树体的生物学特性，通过对枝干的处理，促进或控制新梢的生长、分枝或改变生长角度，使之成为符合果树生长结果习性的树形，以改善光照条件、调节营养分配、转化枝类组成，调节或控制生长和结果的技术。整形是通过修剪完成的；修剪是在一定树形的基础上进行的。所以，整形和修剪是密不可分的两个方面，也是温岭高橙在良好的栽培管理条件下，获得优质、高产、高效所必不可少的技术措施。

（一）温岭高橙的常用树形

根据温岭高橙的生长结果特性，整形可用自然开心形或自然圆头形。生产上往往多采用自然开心形。

自然开心形：干高30～50厘米，主枝3～4个在主干上均匀、错落分布，与主干的分支角度为45°～50°，无中央领导干。各主枝上配置侧枝2～3个，在侧枝上着生结果枝组。侧枝与主枝的分支角度为40°～50°。第一侧枝距离主干50～60厘米，第二侧枝在第一侧枝的对立方向，距离第一侧枝40厘米，第三侧枝在第一侧枝的同方向，距离第一侧枝80厘米。自然开心形树形要求主枝、骨干枝少，分布错落有致，疏密得当；小枝、枝组和叶片宜多，但互不拥挤；树冠丰满，叶幕呈波浪形。在选留的主枝上，选择方位和角度适宜的强旺枝作延长枝，对其进行中度短截。注意调整主枝延长枝和骨干枝延长枝的方位及骨干枝之间生长势的平衡。除对影响树形的直立枝、徒长枝或过密枝群作适当疏删外，内膛枝和树冠中下部较弱的枝梢均应保留。当树冠达到一定高度时，及时回缩或疏删影响树冠内膛光照的大枝，使内膛获得充足的光照。树冠交叉郁闭前，及时回缩或疏删主枝延长枝，使株间和行间保持一定的距离。

（二）修剪时间与方法

温岭高橙结果树修剪时间通常分为冬季修剪和夏季修剪两种。

1.冬季修剪

一般在采果后至翌年3月春梢萌芽前进行。冬季修剪的主要目的是恢复树势，协调生长与结果的平衡，使新梢生长健壮，花器官发育充实，树冠通风透光，达到立体结果、丰产优质的目标。首先剪去无用的衰退枝、病虫枝，节省树体养分，减少病虫源基数；其次是用"开天窗"的方法修剪过密、郁闭的枝组，以增加树体的通风透光能力；对老、弱树，在春季萌动时进行缩剪，以促使新梢抽发多而壮，加速树冠的更新复壮。

2.夏季修剪

自春梢抽生后至秋梢生长期内进行。夏季修剪的主要目的是减少生理落果，提高坐果率，培育优良的结果母枝，促进花芽分化，为翌年丰产创造条件。此时正值新梢和幼果发育期，可根据花果和各季新梢的数量进行复剪、抹芽、疏梢或摘心，以调节新梢与花蕾、幼果的比例，防止新梢抽发过旺，造成严重的落花落果。

（三）不同生长时期的修剪

1.幼树期的整形

幼树定植后，从第一次抽梢开始在主干上选留主枝，主枝与主干的夹角最好保持30°～40°。矮主干虽有利于早结丰产，方便树冠管理，但不利于树干和树盘土壤管理。高主干则树体高大，不利于早结果和树冠管理。主枝与主干的夹角小，生长势较强，今后的有叶单花多，但产量较低；夹角大，树体产量高，但树势容易早衰。一般苗木定植时已有1～3个分枝，视其生长在主干上的生长部位和发育优劣可选定第一主枝。以后根据树体的生长状况，在1～3年内完成第二至第四主枝的配置。各主枝应配置在不同的方位。每条主枝上培养2～3个侧枝。

幼树要利用其一年多次抽梢的特点，促进树冠骨架的早日形成。每次抽梢期根据各新梢的具体长势，在嫩叶初展时留5～10片叶摘心，促使新梢生长粗壮充实，提早老熟，促发下一次新梢。冬季修剪时对所有延长枝短截1/2～2/3，以利于翌年延长枝抽发长势旺盛的春梢。及时删除扰乱树形的徒长枝、过密枝，最终形成波浪形或凹凸形的树冠。摘心时，肥水充足的果园一般春梢留5～7片叶，夏梢留8～10片叶，秋梢留6～8片叶。只要肥水充足，无严重病虫为害，通过3年整形管理，温岭高橙的丰产树冠就可基本形成。

2.初结果树的修剪

树体开始结果后，树冠还未定形，仍须继续扩大树冠。此时期的修剪目标在保持一定果实产量的同时，使树体尽早扩大树冠，提前进入盛果期。

初结果期的幼树以轻剪为主，删除树冠上部和外围的过密枝、骨架上的直立枝和病虫枝。幼树生长势强，生长中庸的枝条多是良好的结果母枝，应尽量保留生长势较弱的春梢。辅养枝和披垂枝结果后可以回缩。初结果期的春梢抽发数量往往很大，若不注意疏除部分春梢，内膛很容易空虚。可除去树冠上部的强枝和弱枝，保留长势中庸的枝条。树冠中下部和内膛则保留长势较强的枝条，但过强的徒长枝会扰乱树形，也应疏除。初结果期夏梢的萌发能力还很强，虽然此期继续利用夏梢有利于树冠的扩大，但是，夏梢的大量萌发会加剧幼果的脱落，不利于产量的提高。同时，夏梢因容易受潜叶蛾、溃疡病等病虫危害，增加病虫害防治成本。所以，一般对结果幼树的夏梢采取全部抹除，在8月上旬统一放梢。抽生的晚秋梢，原则上全部抹除。

3.盛果期的修剪

盛果期修剪的目的是及时更新枝组，保持营养生长和生殖生长的平衡，延长结果盛期。修剪的重点是如何增大树体的有效光合面积，让树冠中下部和内膛都能接收到充足的光照，使之立体结果。要及时剪除树冠中上部的过密枝组，使枝组的空间分布呈上稀下密，外稀内密，形成立体形的凹凸形树冠，扩大结果面积。盛果期行间树冠保持0.7~1.0米的空间。达不到这种间距的应采取疏除修剪进行压缩。这样不仅能改善通风透光条件，改善果实品质，也方便生产操作。除控制树冠行间距外，还应剪除下垂枝、老、弱、病、残枝和株间交叉枝。内膛郁蔽植株可剪除部分树冠中上部过密枝组，以改善内膛光照。大年树和弱树剪除的枝叶量不超过全树的1/4，小年树和强树不超过全树的1/6。

(1)"开天窗"修剪。"开天窗"修剪的时间应在冬季和早春的休眠期进行。修剪时，剪(锯)除树冠顶部的大枝或枝组，删除一部分在顶部其余部位过密的枝组，形成凹凸形通风透光的立体树冠。剪除下垂枝、衰弱枝和病虫害枝，剪除所有离地面高度不到30厘米的枝条。

(2)"开门"修剪。"开门"修剪是在树冠的一侧剪一个开口，改善树冠内的通风透光条件，同时方便生产操作，特别对方便喷药操作有很好效果，能很好解决树冠内部农药喷布不周的问题。开门修剪方法简单，很容易掌握，修剪效率高，比传统的精细修剪提高功效5倍以上。适宜树冠已郁闭或即将郁闭的大树。"开门"修剪的时间同"开天窗"修剪。修剪时在树冠一侧，将影响树冠内部光照的枝条从基部剪除，从上到下剪开一个扇形的开口，开口的宽度为树冠周长的1/6~1/5。通常，只要剪除几个中小枝条就能将开"门"的宽度达到树冠周长的1/6~1/5。开门修剪后，树冠呈立体结果，产量明显上升，质量改善。

开门位置暴露的枝干会萌发新的枝叶，如不及时抹除，一段时间新萌发的枝叶会将"门"封住。因此，要及时将萌芽抹除，或对开门位置暴露的枝干刷一层涂料，既能防止萌芽，又能防止阳光暴晒伤枝干。

(3) 大小年结果的克服。温岭高橙进入盛果期后，如不保持营养生长和生殖生长的平衡，容易产生明显的大小年现象。大年树因上年营养积累充足，结果母枝多，预备枝少，花量大，结果多。对大年树应通过短截部分结果母枝和部分二三年枝条，促发春梢营养枝，减少花量来降低大年挂果量。小年树则相反，应尽量多保留结果母枝，少短截，适当疏剪来促进开花和挂果量。温岭高橙在当年挂果较多，冬季气温偏高，土壤潮湿的情况下，翌年常常花量偏少，春季修剪要适度从轻，以免因花量太少导致严重减产，修剪时间以现蕾后为好，这样才能做到有的放矢。生长势衰弱的高橙树极易形成大量的劣质花，叶少花多，开花消耗大量养分，坐果率又极低。这类树要配合良好的肥水管理，对树体进行重剪，减少花量，促发新梢。对无叶枝组，在重疏删的基础上全部短截处理。

(4) 计划密植果园的修剪。计划密植果园在树冠交叉前1～2年，对临时株实行"以果压冠"措施，即让临时树多结果，抑制营养生长，减缓树冠扩展速度。树冠交叉后，对临时树的交叉枝进行疏除，逐年压缩其树冠。尽量少用短截法，以免造成新梢大量抽生和结果量减少，待临时树产量下降到一定程度后将其伐除，也可在此之前将其移栽。对永久树在投产初期则可适当使之少结果，轻疏删，以促进永久树树冠的迅速扩大。

4.衰老期的更新修剪

衰老的高橙树，地上部分树冠枝少而且老化，地下部分根系衰老甚至枯死，因此，对该类树须通过地上部分树冠重剪和地下部分断根处理，并配合肥水管理，可以促使地下部分重新长出新的须根和吸收根吸收土壤中的水分和营养物质，地上部分重新抽发强壮枝梢恢复树势和结果能力。

（1）根系更新。树冠郁闭果园先进行间伐改善光照条件，有针对性地防病治虫。然后，在秋季(9～10月)对树体进行根系更新的改土工作。在树冠滴水线偏内的地方挖60～80厘米深、40～60厘米宽的圆弧形改土沟，剪断沟内所有直径小于1厘米的根系，在沟内与土混合埋入草皮、杂草、厩肥等有机质和过磷酸钙或钙镁磷肥、骨粉等。改土后，保持土面的疏松，防止杂草生长，勤施薄施腐熟的人畜粪尿或其他有机液肥，使新根系迅速生长，形成新的吸收根群，为翌年的枝梢更新做好准备。

（2）树冠更新。通常是在春季萌芽前进行。树冠的更新根据树体的衰老程度选用不同的更新修剪方式，包括枝组更新和露骨更新。枝组更新是将树冠外部的衰弱枝组都进行较强的短截，并删除妨碍骨架结构的侧枝。保留强枝和生长比较好的小枝，对保留的枝梢适当短截，促进萌芽。少数强壮的中等枝组也尽量保留，内膛和披垂的衰弱枝组也应尽量保留，以利于树势的恢复。当树势更为衰弱，或遭受病虫害后叶片全部落光时，或密植园因树冠郁闭进行的回缩，均可进行露骨更新，即删除或锯除影响树形的主枝、侧枝以及过密枝组，对所有应保留的侧枝和枝组实行短截，保留有叶片的小枝和衰弱枝组，以便进行光合作用。对于锯掉的枝干截面，应先用刀削平后涂胶保护。暴露的主干和大枝要涂白防止阳光暴晒而干裂枯死。

四、花果管理

(一) 促进花芽分化

长势强旺的初结果树或遇冬季气温偏暖、雨水偏多的成年树，容易萌发晚秋梢，对温岭高橙的花芽分化不利，应采取相应的促花措施。

1.补施肥料

花芽分化前要施肥，一般掌握在10月中下旬施肥，使叶色保持浓绿。肥料以使用充分腐熟的有机肥或高钾复合肥为宜，切忌施用速效氮肥。采果后对树体喷施1～2次有机液肥，以恢复树势，促进花芽分化。

2.适当控水

对生长旺盛的初结果树，在花芽分化前，适当减少水分供应，促使枝条停止营养生长。采果后不可灌水，若遇干旱则喷水或淋水。过于干旱的山地果园可灌一次"跑马水"，然后控水，以防止落叶。平地果园冬季应清理排水沟，降低地下水位，达到控水的目的。

3.分期采果

成熟果实留在树上会继续消耗树体营养，在完熟延后栽培中应分批采摘进入成熟期的果实，先采摘树冠上部的大型果，再采摘树冠中下部及内膛的其他果实，以减轻树体负担，防止冬季落叶或出现大小年结果。

4.断根环剥

断根是在树冠滴水线下深锄20厘米左右，或通过扩穴挖断部分粗根使根系吸收减弱、消耗减少和积累增加来达到促花目的，环剥一般在11月上旬至12月上旬花芽进入形态分化期时进行。长势强的树体宜早宜重，长势弱的树体宜迟宜轻。生长健壮树在主干或主枝上环剥1圈，宽度0.3~0.5厘米，深度以割断皮层而不伤木质部为宜。

(二) 保花保果

在温岭高橙幼果发育和枝梢伸长期，常常会出现梢果营养矛盾，在正常的气候条件和生长发育过程下，也有落蕾、落花、第一次生理落果、第二次生理落果等落花落果现象。如果花期遇到气温高于30℃，幼果期超过34℃，或持续数天日均温在25℃以上，会引起严重的落花、落果；夏秋季高温和伏旱相伴的天气，病虫害的严重发生以及管理不当都会引起落花、落果，导致大幅度减产。

1.抹梢保果

温岭高橙幼果发育期，在氮肥施用量大而且雨水多的年份，春、夏梢往往会过于旺长，控制枝梢生长，对防止或减少梢果矛盾效果明显。在小年，春梢抽生较多，会加重落花落果，可疏去1/3~3/5的春梢营养枝，或在春梢展叶，长度2~4厘米时，留叶4~6片摘心，并全部抹除在第二次生理落果结束前抽发的夏梢，等到稳果后再放梢，以减少水分消耗和养料的浪费，满足果实生长对养分的需要。

2.根外追肥和植物生长调节剂保果

从花蕾期开始，隔10~15天，用0.3%~0.5%尿素、0.3%磷酸二氢钾的混合液，也可用2%草木灰浸出液和1%过磷酸钙浸出液等叶面肥连喷2~3次，以满足果实发育所需养分，起到保花保果作用。也可用含氨基酸和微量元素的叶面肥进行根外追肥。

对树势强、花量少的树，分别在第一次生理落果高峰(即花谢2/3时)和第二次生理落果高峰前喷1次40～50毫克/千克赤霉素+0.3%尿素+0.3%磷酸二氢钾混合液进行保果。

此外，一旦花期和幼果期发生高温，可采用果园灌水或喷水降温，补充因蒸腾作用而消耗的水分，可使果园温度降低2～3℃。树盘覆草和合理间作绿肥，也有利于提高果园的相对湿度，降低土壤温度，以减少恶劣天气造成的落花、落果。

(三) 控花疏果

1.控花

对生长势较弱、翌年是大年的植株，冬季修剪以短截、回缩为主，也可在11月前后花芽生理分化期对树冠喷布赤霉素1～2次。现蕾期进行花前复剪；强枝适当多留花，弱枝少留或不留；有叶花多留，无叶花少留或不留；摘除畸形花、病虫花等。

2.疏果

分两次进行。在第一次生理落果后，疏除小果、病虫果、畸形果、密弱果及特大果。在第二次生理落果后(7月中旬至8月)，以1个果按40～50片叶的叶果比进行疏果，弱树叶果比适度加大。

五、土肥水管理

(一) 土壤管理

1.深翻改土

幼龄果园要求在3～4年内完成全园的深翻扩穴改土工作，达到土层深厚松软、肥沃，有机质含量达2%以上。扩穴改土一般在冬季进行，从树冠滴水线处开始，逐年向外扩展40～50厘米，深挖穴40～60厘米。回填混以绿肥、秸秆或腐熟的人畜粪尿、堆肥、栏肥等，每株15～20千克，并配施复合肥0.5千克或磷肥1千克。

2.果园生草

果园生草是在果树行间或全园种植禾本科植物或豆科草类植物，并将生长旺盛的草刈割后覆盖果园的一种土壤管理方法。通俗地说，果园生草就是在果园种植对果树生产有益的草。大量科学研究和生产实践表明，传统清耕作业的果园管理方法会导致果园生态退化、地力下降、投入增加、树体早衰、品质下降。而果园生草技术可提高土壤养分，增加土壤中有机质含量及微生物的数量与种类，同时可以使果树害虫的天敌种群数量增加，减少了农药的投入及农药对环境和果实的污染，并能有效防止冬春季风沙扬尘造成的环境污染等问题，不仅解决了果园有机质流失、肥力不足等问题，而且节约了生产成本。

果园生草种类包括：豆科有白三叶草、紫花苜蓿、紫云英、田菁等，禾本科有黑麦草、早熟禾、结缕草、燕麦草等。大多数果园生草为豆科植物，因为它是养地植物，它可以通过生物固氮来培育地力。豆科与禾本科混种，对改良土壤有良好的作用。

（1）整地播种。果园主要采用直播生草法，播种前应细致整地，清除园内杂草，每亩地撒施磷肥50千克，翻耕土壤，深度20～25厘米，然后整平地面，灌水补墒，诱杂草出土后施用除草剂，过一定时间再播种，可减少杂草干扰。播种时间多为春、秋两季，春播在3～4月，秋播在9月播种。白三叶草、紫花苜蓿、田菁等每亩播种量0.5～1.5千克，黑麦草每亩2.0～3.0

千克。播种方式有条播和撒播。条播，按15～30厘米的行距开0.5～1.5厘米深的播种浅沟，将过筛细土和种子以（2～3）∶1的比例混合均匀，撒入沟中，覆土1～2厘米。撒播，将地整好后，把按比例拌好细土的种子直接撒在地表上即可。

（2）施肥浇水。生草长大初期应加强肥水管理，干旱时及时灌水补墒，并在追施少量氮肥。白三叶草属豆科植物，自身有固氮作用，但苗期根瘤尚未生成，仍需补充少量氮肥。在树下施基肥可在非生草带内施用。实行全园覆盖的果园，可采用铁锹翻起带草的土，施入肥料后，再将带草土放回原处压实的办法。生草地施肥水，一般在刈割后较好，或随果树一同进行肥水管理。生草果园最好实行滴灌、微喷灌，防止大水漫灌。

（3）刈割更新。果园生草长起来覆盖地面后，根据生长情况，需要及时刈割。一般每年刈割2～4次。草的刈割管理不仅是控制草的高度，而且还有促进草的分蘖和分枝，提高覆盖率和增加产草量的作用。刈割的时间，由草的高度来定，一般草长到30厘米以上刈割。草留茬高度与草的种类有关，一般禾本科草要留有心叶，留茬高度5～10厘米；而豆科草如白三叶草要留1～2个分枝。草的刈割采用专用割草机。秋季长起来的草，不再刈割，冬季留茬覆盖。一般情况下，果园生草5年后，草逐渐老化，要及时翻压，使土地休闲1～2年后再重新播草。

3.果园覆盖

果园地面覆盖能改善土壤环境、提高土壤肥力、保持表层土壤疏松、抑制杂草生长、防止水土流失，提高果实产量和质量。按覆盖范围的不同，可分为树盘覆盖和全园覆盖。树盘覆盖在距树干10厘米至滴水线30厘米；全园覆盖则是保留树干周围10～20厘米不覆盖，其他地面基本覆盖。覆盖材料有稻草、麦秆等作物秸秆，以及茅草、狗尾草等。覆盖厚度10～20厘米。按覆盖季节的不同，又可分为全年覆盖和季节覆盖。通常以高温伏旱期的防旱降温覆盖占多数，其次是冬季防寒覆盖。早春为了使土壤温度尽快上升，一般不覆盖，而是待20厘米土层温度达25℃以上时才开始覆盖。晚秋初冬季节是果实成熟期，可以覆盖反光膜，以利于促进果实成熟和提高品质。

4.合理间作

温岭高橙种植后的前三年，因树体尚小，可以利用幼树期果园空地，种植部分经济作物。种植的经济作物必须是矮秆、浅根，与高橙没有或基本没有共生性病虫害，如花生、大豆、绿豆、蚕豆、生姜、马铃薯、韭菜、洋葱、大蒜等。温岭高橙栽植后第一年可以在离树干70厘米以外间作，第二年在离树干120厘米以外间作，第三年在离树干200厘米以外间作，第四年开始停止间作。

(二) 平衡施肥

平衡施肥是综合运用现代农业科技成果，依据作物需肥规律、土壤供肥特性与肥料效应，在施用有机肥的基础上，合理确定氮、磷、钾和中、微量元素的适宜用量和比例，以及相应施用技术，以满足作物均衡吸收各种营养，维持土壤肥力水平，减少肥料浪费和对环境的污染，达到高效、优质和安全的生产目的。

1.施肥方案

平衡施肥技术简单概括起来就是：先测土，经过对土壤的养分诊断确定施肥方案，按照作物需要的营养"开出药方、按方配药"，再进行科学施用。

(1) 土壤取样测试。土壤样品的采集一般在果实采收后进行。每个果园根据面积大小取10个以上点，采样时应沿着一定的线路，按照"随机"、"等量"和"多点混合"的原则进行采样。取样深度以0~40厘米为宜。去掉表土覆盖物，按标准深度挖成剖面，按土层均匀取土。混和土样以取土1千克左右为宜，可用四分法将多余的土壤弃去。测试指标主要包括土壤酸碱度(pH值)、有机质、全氮、有效磷、速效钾，以及当地普遍缺乏的矿质元素的含量。

(2) 配方施肥。根据果树种类、树龄和产量，结合土壤测试结果，进行综合分析，按比例配方施肥。配方施肥要以有机肥为主，速效化肥为辅。保水保肥差的瘠薄土壤，要特别重视有机肥的投入。根据果树不同发育期的吸肥特点，分期分批施入肥料，把0~40厘米深土层的氮、磷、钾和微量元素含量调整到适宜水平。

(3) 叶片取样分析。8~10月在树冠中部外侧的四个方位采集生长中等的当年生春梢顶向下第3片叶(完整无病虫叶)。采样时间一般以上午8~10时为宜。一个样品采10株，样品总量一般为50~100片。根据叶片营养测定数值与适宜水平(标准值)的差异以及各营养元素的比例关系进行综合分析，判定原施肥方案是否合理，并做出相应调整。叶片测试一般2~3年进行1次。

2. 施肥方法

施肥方法主要有土壤施肥和根外追肥两种。

(1) 土壤施肥。可采用环状沟施、条沟施和土面撒施等方法。环状沟施和条沟施在树冠滴水线处或行间、株间挖施肥沟(穴)，深度20~40厘米。东西、南北对称轮换位置施肥。在成年果树或密植果园中，果树根系已布满全园时大多采用全园撒施，即将肥料均匀地撒入园内土中。此法若与条沟施隔年更换，可互补不足，发挥肥料的最大效用。

灌溉式施肥是现代施肥方式，要求果园有喷、滴灌设施，把肥料溶于水中，通过喷、滴灌系统把肥料施入土中，实现肥水同灌。这种施肥方法用肥经济，且可自动化，减少施肥的劳动力投入。但一次性投资较大。

(2)叶面追肥。在不同的生长发育期，选用不同种类的肥料进行叶面追肥，以补充树体对营养的需求。此方法简单易行，用肥量少，发挥作用快，不受树体营养分配中心的影响。根外施肥对解决养分急需和防治缺素症效果明显；可避免磷、钾、铁、锌、硼等营养元素被土壤固定和化学固定，减少肥料损失；可以提高果树光合作用、呼吸作用和酶活性；可与喷施农药或喷灌结合进行。高温干旱期应按使用浓度范围的下限施用，果实采收前20天内停止叶面追肥。春梢抽发期，花期以喷施0.2%~0.3%硼肥、0.3%~0.5%锌肥、0.1%~0.2%锰肥为主，其他时期以缺补缺。

3.肥料种类

(1)有机肥料。有机肥主要指农家肥，含有大量动植物残体、排泄物、生物废物等。施用有机肥料不仅能为果树提供全面的营养，而且肥效期长，可增加或更新土壤有机质，促进微生物繁殖，改善土壤的理化性质和生物活性，是温岭高橙标准化生产中主要养分的来源。常见的有机肥主要有：堆肥、绿肥、秸秆、饼肥、沤肥、厩肥、沼肥等。

(2)微生物肥料。含有特定微生物活体的制品，应用于农业生产，通过其中所含微生物的生命活动，增加植物养分的供应量或促进植物生长，提高产量，改善品质及农业生态环境的肥料。根据微生物肥料对改善植物营养元素的不同作用，可分为以下类别：固氮菌肥料、磷细菌肥料、硅酸盐细菌肥料和复合菌肥料。

（3）腐殖酸类肥料。指泥炭、褐煤、风化煤等含有腐殖酸类物质的肥料。它能促进果树的生长发育，增加产量，改善品质。

（4）有机无机复混肥料。指含有一定量有机肥料的复混肥料。

（5）无机肥料。主要以无机盐形式存在，能直接为植物提供矿物营养的肥料。包括矿物钾肥和硫酸钾、矿物磷肥、煅烧磷酸盐、石灰石等。

（6）叶面肥料。喷施于植物叶片并能被其吸收利用的肥料。可含有少量天然的植物生长调节剂，但不含有化学合成的植物生长调节剂，如微量元素肥料和植物生长辅助肥料，由微生物配加腐殖酸、藻酸、氨基酸、维生素、糖及其他元素制成。

温岭高橙生产中禁止使用未获准登记认证及生产许可的肥料产品、未经无害化处理的城市垃圾或有重金属、橡胶和有害物质的工业和生活废物、重金属元素和大肠杆菌超标的各类肥料、未经发酵腐熟的人畜粪尿以及含氯复合肥（氯化铵、氯化钾、含氯的复混肥料）和硝态氮肥。

4. 不同时期的施肥

（1）幼年期。幼年树施肥以勤施薄肥、梢前梢后多施肥为原则。以氮肥为主，配合磷、钾肥，少量多次。每次新梢抽生期施 1～2 次。年施纯氮每株 100～400 克，氮、磷、钾比例以 1:(0.25～0.3):0.5 为宜。施肥量应由少到多逐年增加。越冬基肥每株可施农家肥 10～25 千克、饼肥 0.5 千克、磷肥 0.2 千克，8 月以后停止追施速效氮肥，以防抽生晚秋梢。秋梢老熟后于 10～11 月喷 0.4%～0.5% 的磷酸二氢钾等叶面肥。

(2) 初结果期。初结果树以秋季重施、春肥看花施、夏前不施肥为原则。即11月中下旬采果前后施肥，贮备春梢期和花期所需营养，以迟效肥为主，有机肥料占50%以上；树势强壮的树体不施春肥，可在开花期根据花量施肥，花量多可适当多施，花量少则少施或不施；5～6月一般不施肥，以控制夏梢生长，但可进行根外追肥，保持树势稳定以免落果。每亩可年施速效氮4.6～6.6千克、速效磷2.6～3.3千克、速效钾3.3～4.0千克。

(3) 盛果期。全年施肥3～4次。施肥量：每产100千克果实需要尿素1.5～2.2千克，钙镁磷肥2～3千克，硫酸钾1.5～2千克，氮磷钾比例以1∶(0.4～0.5)∶(0.8～1.0)为宜。微量元素肥以缺补缺，作叶面喷施，按0.1%～0.3%浓度施用。同时应当考虑到园地的肥力状况，土壤肥沃，腐殖质含量高的园地适当少施，土壤瘠薄的应适当增加施肥量。红壤果园适当增加磷、钾施用量。主要施肥时期：

①花前肥：施肥的目的在于壮梢壮花，延迟和减少老叶脱落。在萌发前施速效氮肥，施肥量占全年的20%，在花蕾现白时，叶面喷施0.2%硼砂液，1%磷酸二氢钾或高硼高锌活性肥750～1000倍液。

②稳果肥：在谢花时施高氮复合肥，对稳果效果显著，也可采用根外追施尿素和磷酸二氢钾2～3次，山地果园可添加硼砂。生理落果期应看树施肥，若花多果多，施肥就多；花少果少营养枝多，就应少施或不施。施肥量占全年量的10%～15%。

③壮果促梢肥：生理落果停止后，老树施肥壮果，幼年树和壮年树既要促进果实增大，又要及时促使营养枝大量萌发

和生长充实成为良好的结果母枝。以氮肥为主结合磷钾肥。7月上、中旬宜施用速效性高氮高钾复合肥，施肥量占全年的40%～50%。

④采果越冬肥：在采果前后施肥补充营养，恢复树势，促进花芽分化。冬季是树体休眠、又是花芽分化期。施肥宜早不宜迟，以腐熟有机肥为主，辅以少量速效肥，占全年施肥量的30%，以恢复树体，提高抗寒能力。采果后进行根外追肥1次，以防落叶。

土壤微量元素缺乏的果园，应针对缺素状况增加根外追肥。

(三) 水分管理

1.灌溉

灌溉水要求无污染。灌溉时期、灌溉方法和灌水量直接决定灌溉效果。

(1) 灌水时期。灌水时期主要根据温岭高橙各生长时期对水分的要求、气候特点和土壤水分状况。通常在生长前期如新梢旺盛生长和果实迅速膨大期对水分需求较多，水分供应充足有利于生长和结果；而后半期要控制水分，保证及时停止生长，做好越冬准备。一般认为土壤持水量在60%～80%时为温岭高橙最适宜的土壤含水量。当持水量低于60%时持续干旱就要灌水。

(2) 灌水量。以完全湿润根系分布层的土壤，土壤湿度达到田间持水量的60%～80%为度。

(3) 灌水方法。常见的灌溉方法包括地面沟渠灌溉和节水灌溉。地面沟渠灌溉一般采用沟灌。在有水源的果园，可通过渠道，将水引入果园的排灌系统进行灌溉。沟灌的优点是，灌溉水经沟底和沟壁渗入土中，对果园土壤浸润比较均匀，是地面灌溉的一种比较合理简便的方法。

节水灌溉包括喷灌和滴灌。喷灌是利用机械将水喷射呈雾状进行灌溉。喷灌的优点是节省用水，能减少灌水对土壤结构的不良影响，工效高，喷施半径约25米。喷灌还有调节气温、提高空气湿度等改善果园小气候的作用。据试验表明，在夏季喷灌能降低空气温度2～9.5℃，降低地表温度2～19℃，提高空气相对湿度15%。喷灌也适用于地形复杂的山坡地。滴灌是将具有一定压力的水，通过一系列管道和特制的毛管滴头，将水一滴一滴地渗入树体根际的土壤中，使土壤保持最适于植株生长的湿润状态，又能维持土壤的良好通气状态。滴灌还可结合施肥，不断地供给根系养分。滴灌能节约用水，据试验表明，比喷灌节省用水一半左右；滴灌不会产生地面水层和地面径流，不破坏土壤结构，土壤不会板结；也不至于过干或过湿。滴灌对调节果园小气候的作用不如喷灌。

2.排水

多雨季节或果园积水时通过沟渠及时排水，保持地下水位在1米以下。果实采收前遇多雨时还可通过地膜覆盖园区土壤，降低土壤含水量，提高果实品质。

（1）排水时间。在果园发生下列情况时，应及时排水。多雨季节或一次降雨量过大时，应明沟排水；河滩地或低洼地果园，地下水位高于树体根系分布层时，必须设法排水；黏重土壤、渗透性差的土壤，透水性差，要有排水设施；盐碱地易发生土壤次生盐渍化，必须利用灌水淋洗，减少盐分集聚。

（2）排水方法。排水系统由小区内的排水沟、小区边缘的排水支沟和排水干沟组成。排水沟挖在树体行间，把地里的水排到排水干沟中。排水沟的大小、坡降以及沟与沟间的距离，要根据地下水位高低、雨季降雨量的多少而定。排水支沟位于小区边缘，主要作用是把排水沟中的水排到排水干沟中去。排水干沟位于果园边缘，与排水支沟、自然沟连通，把水排出果园。排水干沟比排水支沟要宽些、深些。

六、病虫害防控

温岭高橙的病虫害防控以农业防治和物理防治为基础，提倡生物防治，根据病虫害发生规律，科学安全地使用化学防治技术，最大限度地减轻农药对生态环境的破坏和对自然天敌的伤害，将病虫害造成的损失控制在经济受害允许水平之内。

按植物检疫法规的有关要求，对调运的苗木、果实及接穗进行检疫，防止植物检疫对象从发生区传入未发生区。提倡种植无病毒苗木。按温岭高橙标准化生产的要求进行土肥水管理、整形修剪和花果管理，提高植株抗病虫能力。应抹除夏梢和零星早秋梢，统一放秋梢，特别是中心虫株要人工摘除夏梢和早秋梢，以降低害虫基数，减少用药次数。同时，冬季结合修剪，清除病虫枝、干枯枝，及时清除果园地面的落叶、落果并集中烧毁或深埋。喷波美0.8～1度石硫合剂1次，减少越冬虫菌源。提倡使用诱虫灯、粘虫板、防虫网等物理防控措施以及人工引移、繁殖释放天敌等生物防治措施。优先使用生物源农药和矿物源农药。药剂使用严格控制安全间隔期、施药量和施药次数，注意不同作用机理的农药交替使用和合理混用。

（一）主要病害的防治适期和方法

温岭高橙的主要病害包括柑橘黄龙病、柑橘溃疡病、柑橘炭疽病、柑橘疮痂病、柑橘树脂病、苗木立枯病和柑橘贮藏病害(青霉病、绿霉病、蒂腐病等)。

1.柑橘黄龙病

柑橘黄龙病又称黄梢病，是一种具有毁灭性的传染性病害，能够侵染包括柑橘属、枳属、金柑属和九里香等多种芸香科植物。目前，该病主要分布在亚洲、非洲、大洋洲、南美洲和北美洲的近50个国家和地区，中国19个柑橘生产省(市、自治区)中已有11个受到该病危害，严重制约柑橘产业的健康发展。

(1) 发病症状。黄龙病全年都能发生，春、夏、秋梢均可出现症状。新梢叶片有三种类型的黄化，即均匀黄化、斑驳黄化和缺素状黄化。幼年树和初期结果树春梢发病，新梢叶片转绿后开始褪绿，使全株新叶均匀黄化，夏、秋梢发病则是新梢叶片在转绿过程出现淡黄无光泽，逐渐均匀黄化。投产的成年树，常出现个别或部分植株树冠上少数枝条的新梢叶片黄化，翌年黄化枝扩大到整个主枝乃至全株，使树体衰退。在病株中有的新叶从叶片基部、叶脉附近或边缘开始褪绿黄化，并逐渐扩大成黄绿相间的斑驳状黄化。温岭高橙病株果实症状不明显，但果实发育后期容易落果。

(2) 发生规律。黄龙病的病源是类菌原体，主要通过苗木调运和带病接穗进行远距离传播。果园内主要通过木虱和其他传病昆虫进行传播，其发病率和病情轻重与许多因素有关：冬季气温高的地区比气温低的地区容易发生并蔓延；果园内病树多、木虱发生量大时，黄龙病的蔓延就严重；幼树易感病，中成年树较耐病；树势强的抗病力强，树势弱的易感病；春梢发病轻，夏秋梢发病重；以枳作砧木的容易感病，以构头橙作砧木的抗病力较强。

(3)防治方法。对调运的苗木及接穗进行检疫，防止黄龙病从病区传到无病区或新发展区。保持树势健壮，提高抗病力。修枝剪、锯等工具使用前后用1%次氯酸钠液或20%漂白粉消毒。定期检查果园，发现病株，立即挖除烧毁。发病率超过20%的果园，应全园铲除更新。新发展区需种植无病苗木。

对柑橘木虱进行统防统治是防治黄龙病的关键措施。冬季清园和各次新梢期是防治柑橘木虱的主要时期，冬季可用1～1.5波美度石硫合剂或松脂合剂8～10倍清园；在春、夏、秋梢新叶始见时，选用95%矿物油(绿颖)乳剂100～300倍液、10%吡虫啉可湿性粉剂2500～5000倍液、3%啶虫脒可湿性粉剂2500～3000倍液、1.8%阿维菌素乳油4000～6000倍液等进行喷雾防治，10天后再喷1次。防治蚜虫、粉虱等害虫时，注意兼治柑橘木虱。

2.柑橘溃疡病

(1)发病症状。柑橘溃疡病初期在植物叶片上出现针头大小的浓黄色油渍状圆斑，接着叶片正反面隆起，呈海绵状，随后病部中央破裂，木栓化，呈灰白色火山口状。病斑多为近圆形，常有轮纹或螺纹状，周围有一暗褐色油腻状外圈和黄色晕环。果实和枝梢上的病斑与叶片上的相似，但病斑的木栓化程度更为严重，火山口状开裂更为显著，枝梢受害以夏梢最严重，严重时引起叶片脱落，枝梢枯死。

(2)发生规律。病原细菌在柑橘病部组织内越冬，翌年温度适宜、湿度大时，细菌从病部溢出，借风、雨、昆虫和枝叶相互接触作短距离传播，病菌落到寄主的幼嫩组织上，高温多雨时，病害流行。该病发生的最适温度为25～30℃，田间以夏梢发病最重，其次是秋梢、春梢。溃疡病自4月上旬至10月下旬均可

发生，5月中旬为春梢的发病高峰；6～8月为夏梢的发病高峰，
9～10月份为秋梢的发病高峰，6～7月上旬为果实的发病高峰。

（3）防治方法。对调运的苗木、果实及接穗进行检疫，防止
溃疡病通过苗木、接穗、种子及果实传入无病区或新发展区。
新发展区需种植无病苗木。台风暴雨多的地区应建造防风林。
零星和局部发病区的果园及苗圃应经常检查，一旦发现病株，
应及时彻底清除。在溃疡病发生区，冬季将带病的落叶、落果
及枯枝集中烧毁，减少菌源。果园作业人员的衣服、鞋帽、果
园机械及采收工具等在完成作业后需彻底消毒，防止病原菌田
间传播。

药剂防治以防为主，不可在发现病斑后才开始防治。特
别在重病区，台风暴雨过后需立即喷药防治。在各次新梢
长2～3厘米和叶片转绿期，选用10%农用链霉素可湿性粉剂
1000～2000倍液、77%氢氧化铜可湿性粉剂600～800倍液、
20%噻菌铜悬浮液乳剂500倍液、0.5%～0.8%波尔多液(硫酸
铜0.5～0.8千克、石灰1～1.6千克、水100千克)等喷雾保护新
梢；谢花10天后开始喷药，以后每隔10天左右再喷1次，连喷
2～3次。在发生区还要注意潜叶蝇、柑橘粉虱等害虫的防治。

3.柑橘炭疽病

（1）发病症状。柑橘炭疽病为害叶片、枝梢、果实。叶片、
枝梢在连续阴雨潮湿天气，表现为急性型症状：叶尖现淡青色
带暗褐色斑块，如沸水烫状，边缘不明显；嫩梢则呈沸水烫状
急性凋萎。在短暂潮湿而很快转晴的天气，表现为慢性型症
状：叶斑圆形或不定形，边缘深褐色，稍隆起，中部灰褐色至
灰白色，斑面常现轮纹；枝梢病斑多始自叶腋处，由褐色小斑
发展为长梭形下陷病斑，当病斑绕茎扩展一周时，常致枝梢变

黄褐色至灰白色枯死。幼果发病，腐烂后干缩成僵果，悬挂树上或脱落。成熟果实发病，在干燥条件下呈"干疤型"斑，黄褐色、稍凹陷、革质、圆形至不定形，边缘明显；湿度大时则呈"泪痕型"斑，果面上现流泪状的红褐色斑块；贮运期间，现"果腐型"斑，多自蒂部或其附近处现茶褐色稍下陷斑块，终至皮层及内部瓤囊变褐腐烂。

(2) 发生规律。病菌以菌丝体在病部组织内越冬，病枯枝梢是病菌主要的侵染来源，翌年春天产生分生孢子，由风雨或昆虫传播。在整个生长季节均可发生危害，高温多雨的季节发生严重，冬季冻害较重及早春气温低、阴雨多的年份发病也较重。受冻害和栽培管理不善、生长衰弱的树体发病严重。过熟、有伤口及受日灼的果实容易感病。

(3) 防治方法。加强栽培管理，及时排灌，注意防冻；增施有机肥，防止偏施氮肥，适当施用磷、钾肥。冬、春季节剪除病枯枝、衰弱枝，收集落叶、落果，集中烧毁，并喷0.8~1.0波美度石硫合剂1次，减少越冬菌源。

在各次嫩梢抽发期各喷1次药。保护幼果要在落花后一个月内进行。选用25%咪酰胺乳油500~1000倍液、10%苯醚甲环唑水分散颗粒剂2000~2500倍液、70%甲基硫菌灵可湿性粉剂800倍液、80%代森锰锌可湿性粉剂600~800倍液等药剂对嫩梢、嫩叶、果实进行喷雾，每10天左右1次，连喷2~3次。

4.柑橘疮痂病

(1) 发病症状。柑橘疮痂病主要为害新梢、幼果。叶片感染初期产生水渍状黄褐色圆形小斑点，逐渐扩大，颜色变为蜡黄色，后病斑木质化而凸起，多向叶背面突出而叶面凹陷，叶背面部位突起呈圆锥形的疮痂，似牛角或漏斗状，表面粗糙。新梢受害症状与叶片基本相同，但突出部位不如叶片明显，枝梢变短而小、扭曲。受感染的幼果初生褐色小斑，后扩大在果皮上形成黄褐色圆锥形，木质化的瘤状突起。严重受害的幼果，病斑密布，引起早期落果。受害较轻的幼果，多数发育不良，表面粗糙，果小、味酸、皮厚或成为畸形果。

(2) 发生规律。疮痂病菌以菌丝体在患病组织内越冬。翌年春季，当气温回升到15℃以上，并在阴雨高湿的天气时，老病斑上即可产生分生孢子，并借助水滴和风力传播到幼嫩组织上，萌发后侵入。幼果在谢花后不久即可发病。新病斑上又产生分生孢子进行再次侵染。疮痂病的发生需要较高的湿度和适宜的温度，其中湿度更为重要，多雨潮湿时容易发生蔓延；当温度达28℃以上时，病菌生长受到抑制，病害很少发生。

(3) 防治方法。无病区或新发展区对外来苗木和接穗选用苯来特或多菌灵进行消毒处理。重视修剪，使果园通风透光，降低湿度；控制肥水，增强树势，促使新梢抽发整齐，缩短幼嫩期感病时间。冬季剪去病枝叶，清除园内落叶和落果，集中烧毁，并喷0.8～1.0波美度石硫合剂1次，以减少菌源。

由于病菌只侵染幼嫩组织，因此喷药要早。一般要喷2～3次药，分别在春、秋梢抽发期，芽长1～2厘米和花落2/3时各喷1次，保护嫩梢、嫩叶和幼果。防治药剂有：80%代森锰锌可湿性粉剂600～800倍液、70%甲基硫菌灵可湿性粉剂800～1000倍液、25%多菌灵可湿性粉剂250～500倍液、75%百菌清可湿性粉剂1000倍液、77%氢氧化铜可湿性粉剂800倍液、10%苯醚甲环唑水分散颗粒剂2500倍液等。

5. 柑橘树脂病

(1) 发病症状。多发生在主干及主干与主枝分叉处，以及经常暴露在阳光下的西南向阳枝干和易受冻害的迎风部位。枝干被害初期皮层组织松软，有小的裂纹，水渍状，并渗出褐色胶液，并有类似的酒糟味。高温干燥情况下，病部逐渐干枯、下陷，皮层开裂剥落，木质部外露，疤痕四周隆起。幼果、新梢和嫩叶被害，在病部表面产生无数的褐色、黑褐色散生或密集成片的硬胶质小粒点，表面粗糙，略为隆起，很像黏附着许多细砂。

(2) 发生规律。病菌主要以菌丝、分生孢子器和分生孢子在病树组织内越冬。当环境条件适宜时形成大量的分生孢子器，溢出的分生孢子借风、雨、昆虫等媒介传播。分生孢子形成、萌发和侵染的适宜温度为15～25℃。此病菌为弱寄生性，孢子萌发产生的芽管只能从寄主的伤口(冻伤、灼伤、剪口伤、虫伤等)侵入，才能深入内部。在没有伤口、活力较强的嫩叶和幼果等新生组织的表面，病菌的侵染受阻于寄主的表皮层内，形成许多胶质的小黑点。因此，只有在树体有大量伤口存在，同时雨水多，温度适宜时才会发生流行。

(3) 防治方法。加强管理，增强树势，提高树体抗性。早春结合修剪，剪除病枝梢和徒长枝，集中烧毁，并喷0.8～1.0波美度石硫合剂1次，减少菌源。做好防冻、排涝、抗旱及防日灼工作，及时防治其他病虫害。

发病后彻底刮除病组织，并用1%硫酸铜或1%抗菌剂402消毒伤口，外涂伤口保护剂，也可用利刀纵划病部，深达木质部，上下超过病组织1厘米左右，划线间隔0.5厘米左右，然后涂药。涂药时间4～5月和8～9月，每周1次，每期3～4次。药剂为50%多菌灵可湿性粉剂100～200倍液、70%甲基硫菌灵可湿性粉剂200倍液等。春芽萌发期喷1次0.8%波尔多液，花落2/3

及幼果期各喷1次50%甲基硫菌灵500～800倍液、80%代森锰锌可湿性粉剂600～800倍液，防治叶片上和果实上的砂皮病。

6.苗木立枯病

(1)发病症状。柑橘立枯病主要侵染幼苗的茎和根颈部，初期为暗褐色、水渍状斑点，扩大后环绕嫩茎引致皮层腐烂，病部干缩，上部叶片迅速萎蔫，接着呈青枯状凋萎，又叫猝倒病。有的苗株在叶片凋萎脱落后留下直立干枯的小茎，经久不倒，拔起病苗，可见根部皮层腐烂脱落，仅留木质部。立枯病在苗圃中常连片发生，造成幼苗成片枯死，是一种全球性的苗圃病害。

(2)发病规律。立枯病为多种真菌，侵染循环不明显，都有较强的腐生习性，能在土壤的植物残体上腐生。自种子萌发至苗木茎组织木栓化之前发生，1～2片真叶时最易发病，待苗龄60天以上时，就不易感病。发病与土壤板结、地下水位高、苗畦积水、连续阴雨、高温闷热或大雨后骤晴有关。

(3)防治方法。选择地势高、排灌良好的新地作苗圃地；建园时实行高畦栽培，土质要疏松，土质黏重时应掺沙改土并翻晒，改善土壤通透性；避免连作，种植不宜过密，建议砧木苗每亩栽植2万～2.5万株。推广无菌营养土和营养袋育苗。营养土用100℃蒸汽消毒，或用甲醛溶液熏蒸消毒；夏季高温季节，可在营养土上覆盖地膜，利用阳光暴晒高温自然消毒。高温季节及时加盖遮阳网，温度过高时掀膜降温。

播种前用高锰酸钾对种子消毒。发生立枯病要及时拔除病株并集中烧毁。喷0.5%等量式波尔多液、30%氢氧化铜悬浮剂300～400倍液、80%代森锰锌可湿性粉剂600～800倍液，并淋湿苗床的上层覆土，每10天1次。

7.柑橘青、绿霉病

柑橘青霉病和绿霉病是温岭高橙贮藏期间发生最普遍、为害最严重的病害之一。

(1) 发病症状。青霉病和绿霉病侵染柑橘果实后,都先出现柔软、褐色、水渍状、略凹陷皱缩的圆形病斑。2～3天后,病部长出白色霉层,随后在其中部产生青色(青霉病)或绿色(绿霉病)粉状霉层。在高温高湿条件下,病斑迅速扩展,深入果肉,直至全果腐烂;干燥时则成僵果。

(2) 发病规律。病菌分布很广,常腐生于各种有机物上。可产生大量分生孢子,借气流或接触传播,由伤口侵入。温度范围6～33℃均可发病,发病的最适温度为18～27℃,最适湿度为95%～98%。温岭高橙由于枝梢多刺,果实生长过程中果皮容易被刺伤形成伤口,或采摘和贮运过程中损伤果皮,均易发病。

(3) 防治方法。修剪时及时剪除枝梢上的大刺,减少果皮伤口;采收时及商品化处理过程中应避免机械损伤,特别不能拉果剪蒂、果柄留得过长和剪伤果皮;采收和贮运工具及贮藏库用硫黄(每立方米空间10克)密闭熏蒸消毒24小时进行消毒;有条件的贮藏时将贮藏库温度控制在3～5℃、湿度保持在85%左右。

果实药剂处理,果实采收后及时用药剂浸果,浸果时间1分钟左右。药剂可选用50%抑霉唑乳油1000～2000倍液、25%咪鲜胺乳油500～1000倍液、40%双胍辛烷苯基磺酸盐(百可得)可湿性粉剂2000倍液、50%咪鲜胺锰络合物(施保功)可湿性粉剂1500～2000倍液。

(二) 主要虫害的防治适期和方法

温岭高橙的主要虫害包括柑橘螨类、蚧类、蚜虫类、粉虱类、柑橘潜叶蛾、柑橘木虱、天牛类等。

1.柑橘螨类

温岭高橙的主要害螨有柑橘红蜘蛛(橘全爪螨)和柑橘锈壁虱。

(1)为害症状。柑橘红蜘蛛用刺吸性口器刺吸柑橘的叶片、嫩枝、花蕾及果实等器官的绿色组织汁液，但以叶片受害最重。叶片和果实被害部位先褪绿，后呈现灰白色斑点，失去原有光泽。在春季柑橘抽梢至开花前后及冬季采果前后，由于此虫严重为害，常导致叶片脱落。柑橘锈壁虱群集于叶片、果实和嫩枝上刺吸汁液，果实受害后，在果面凹陷处出现赤褐色斑点，逐渐扩展整个果面而呈黑褐色，果皮粗糙，果小，皮厚，品质变劣。

(2)生活习性。柑橘螨类一年发生数代，世代重叠。其代数随地区温度高低而异。完成1代须经卵、幼螨、前若螨、后若螨、成螨5个虫龄期。多以卵和成螨越冬。柑橘红蜘蛛在柑橘开花前后大量发生，为害春梢，9～11月有第二盛发期，为害秋梢和果实。柑橘锈壁虱常先从树冠下部和内部的叶片和果实开始为害，后逐渐向树冠上部、外部的果实和秋梢叶片蔓延；7～10月为发生盛期。台风暴雨对螨类有明显的冲刷作用。

(3)防治方法。加强肥水管理，增强树势，提高树体对害螨的抵抗力。实行果园生草，改善果园小气候，为天敌提供有利条件；有条件的地方提倡饲养释放尼氏真绥螨、巴氏纯绥螨、胡瓜纯绥螨等控制柑橘红蜘蛛。

根据柑橘害螨发生时期和杀螨剂自身的特点，在害螨达到防治指标(柑橘红蜘蛛防治适期：春芽萌芽前为100～200头/百叶或有螨叶达50%；5～6月和9～11月为500～600头/百叶。柑橘锈壁虱防治适期：6～9月在出现个别受害果或叶片、果实平均每视野有锈壁虱2头)时，选用对捕食螨、蓟马及食螨瓢虫等天敌毒性较低的专用杀螨剂进行枝叶喷雾。开花前后低温条件下选用20%哒螨酮可湿性粉剂4000～5000倍液、5%噻螨酮乳油1000～1500倍液、20%四螨嗪悬浮液1500～2000倍液等药剂；花后和秋季气温较高时选用20%双甲脒乳油1000～2000倍液、73%炔螨特乳油2000～3000倍液、5%唑螨酯1000～1500倍液、1.8%阿维菌素乳油4000～6000倍液、95%矿物油(绿颖)乳剂100～300倍液等进行喷雾防治。药剂喷布应均匀周到。其中，阿维菌素对柑橘红蜘蛛、噻螨酮对柑橘锈壁虱效果较差。注意与杀螨剂交替使用，可延缓抗药性产生。

2.蚧类

为害温岭高橙的蚧类主要有矢尖蚧、红蜡蚧、吹棉蚧、糠片蚧、黑点蚧、褐圆蚧等。绝大多数蚧类仅初孵幼虫能作短距离爬行，而若、成虫固定在一处终生不动。且成虫体被蜡质蚧壳，蚧壳不透水、不导电、耐酸碱，故药剂防治难度很大。

(1) 为害症状。吹绵蚧为害枝干和叶片，受害叶片发黄，引起落叶落果，严重时枝叶和果实发黑，进而整株枯死；红蜡蚧主要在当年生春梢枝条上取食为害，叶和果梗上有少数为害，受害树抽枝短而少、干枯枝多、开花结果少且果小，树势衰弱；矢尖蚧、糠片蚧、黑点蚧、褐圆蚧等多为害叶、果和小、侧枝，少数为害主干或主枝(糠片蚧)，使叶片和枝梢生长不良甚至焦枯、树势衰弱、产量低、品质差，严重时树体死亡。蚧类在为害树体的同时，还分泌大量"蜜露"，诱发煤烟病。

(2) 生活习性。柑橘蚧类一般喜欢生活在阴湿和空气不流通或阳光不能直射处，故寄生在叶片上的多附着于叶片背面，寄生在果实的则多在近蒂部或果面凹陷处。枝叶密生、互相荫蔽的果园发生严重，低温、高温对雌成虫和若虫的生长发育不利。果园管理不善，有机磷杀虫剂过量使用或肥料不足造成树势衰弱也会造成蚧类发生。柑橘蚧类以卵、若虫或成虫在枝干或叶片上越冬。一般一年发生2～4代。

（3）防治方法。冬春季剪除受害枝叶，加强肥水管理，恢复及增强树势。保护利用寄生蜂、食蚧瓢虫和日本方头甲等天敌，提倡保护或利用大红瓢虫和澳洲瓢虫防治吹绵蚧。

第一代若虫盛发期是所有蚧类化学防治的关键时期。矢尖蚧的第1次喷药适期为第一代若虫初见日后的21天，为害严重的15天后再喷药防治。尽量少用有机磷杀虫剂，可选用95%矿物油(绿颖)乳剂100～300倍液、25%噻嗪酮1000～2000倍液、20%氰戊菊酯乳油2000～4000倍液、2.5%氯氟氰菊酯乳油4000～6000倍液、3～5波美度石硫合剂180～300倍液等进行喷雾防治。必要时选用毒死蜱等毒性较低的有机磷杀虫剂，有机磷和矿物油混用可提高防效。矿物油对吹棉蚧效果不理想。

3.蚜虫类

蚜虫是为害温岭高橙新梢的重要害虫。发生普遍、为害较重的有橘蚜、绣线菊蚜、棉蚜、橘二叉蚜4种。蚜虫是柑橘衰退病的传播媒介。主要天敌有瓢虫、草蛉、食蚜蝇、寄生蝇等。

（1）危害症状。主要为害温岭高橙的芽、嫩梢、嫩叶、花蕾和幼果，吸食汁液引起嫩叶皱缩卷曲，落花落果，新梢长势弱。还诱发煤烟病，影响树势和次年产量。

（2）生活习性。柑橘蚜虫每年发生20个世代以上，以卵在枝条上越冬，翌年3月开始孵化。繁殖的最适气温为24～27℃，在春夏之交时数量最多，夏季高温对其不利，晚春和晚秋繁殖最盛。4～5月出现第一个繁殖高峰，9～10月第二个为害高峰。

(3)防治方法。冬季结合修剪，剪除被害枝条，清除越冬虫卵。保护利用天敌；5月前后蚜虫天敌繁殖快，数量大，这时应减少施用对天敌有伤害的杀虫剂。蚜虫发生高峰期，使用黄色粘虫板诱杀有翅蚜。

在嫩梢上发现有无翅蚜为害或新梢有蚜率达到25%时，优先选用10%吡虫啉可湿怀粉剂2500～5000倍液、3%啶虫脒可湿性粉剂2500～3000倍液、10%烟碱乳油500～800倍液、2.5%鱼藤酮乳油400～500倍液等进行喷药防治，每10天1次，连喷2～3次。

4.柑橘潜叶蛾

俗称画图虫，是温岭高橙新梢期重要害虫之一。

(1)为害症状。以幼虫在嫩梢、嫩叶表皮下钻蛀为害，形成银白色弯曲隧(虫)道。受害叶片卷缩或变硬，易脱落。被害叶片常是卷叶蛾、柑橘螨类等害虫的越冬场所，幼虫造成的伤口利于柑橘溃疡病病菌的侵入。老树受害较轻，幼树和苗木受害较重；春梢受害轻，夏、秋梢受害特别严重。

(2)生活习性。柑橘潜叶蛾一年可发生10代左右，以蛹和幼虫在被害叶上越冬。每年4月下旬至5月上旬，幼虫开始为害，7～9月是发生盛期，为害也严重。10月份以后发生最减少。完成一代需20多天。成虫大多在清晨羽化，白天栖息在叶背及杂草中，清晨和晚上8～10时活动频繁。卵多产在嫩叶背面中脉附近，每叶可产数粒。幼虫孵化后，即由卵底面潜入叶表皮下，在内取食叶肉，边食边前进，逐渐形成弯曲虫道。成熟时，大多蛀至叶缘处，虫体在其中吐丝结薄茧化蛹。柑橘潜叶蛾发生繁殖的最适温度为24～28℃。

(3)防治方法。抹除零星抽发的夏、秋梢，结合控制肥水使秋梢抽发整齐。7～9月，多数嫩叶长0.5～2.5厘米时，选用5%氟虫脲乳油1500～2000倍液、1.8%阿维菌素乳油4000～6000倍液、10%吡虫啉可湿怀粉剂2500～5000倍液、25%除虫脲可湿性粉剂1000～2000倍液、25%杀虫双水剂600～800倍液、2.5%氯氟氰菊酯乳油4000～6000倍液、3%啶虫脒可湿性粉剂2500～3000倍液等进行喷雾防治，7～10天喷药1次，连续2～3次。注意兼治柑橘木虱和蚜虫等害虫。

5.粉虱类

以柑橘粉虱和黑刺粉虱发生普遍，为害严重。

(1)为害症状。柑橘粉虱幼虫寄生于叶背，吸汁为害，受害叶变黄，导致春、夏梢诱发煤污病，引起枯梢，果实生长缓慢，以致脱落。黑刺粉虱以若虫聚集叶片背面固定吸汁为害，并能分泌蜜露诱发煤烟病，致枝叶发黑，树势衰弱。

(2)生活习性。柑橘粉虱以4龄幼虫及少数蛹固定在叶片背面越冬。一年发生2～3代。1～3代分别寄生于春、夏、秋梢嫩叶的背面。初孵幼虫爬行距离极短，通常在原叶上固定为害。黑刺粉虱一年发生4～5代，以2～3龄若虫在叶背越冬，翌年3月上旬至4月上旬化蛹，3月中下旬开始羽化为成虫。成虫喜阴暗环境，多在树冠内新梢上活动，卵多产于叶背。初孵若虫爬行不远，多在卵壳附近营固定式刺吸生活。各代发生虫口多寡与温湿度关系密切，适温(30℃以下)高湿(相对湿度90%以上)对成虫羽化和卵的孵化有利，故通常树冠密集、阴暗的环境虫口较多。

(3)防治方法。加强肥水管理，冬季剪除受害严重的枝叶及过度郁闭枝叶。使用黄色黏虫板诱杀粉虱成虫。第一代发生相对整齐，重点掌握在1～2龄若虫盛期喷药防治。黑刺粉虱在越冬成虫初现后30～35天开始喷药，每10天1次，连喷2～3

次。防治粉虱成虫和低龄若虫可选用10%吡虫啉可湿性粉剂2500～5000倍、1.8%阿维菌素乳油4000～6000倍液、2.5%氯氟氰菊酯乳油4000～6000倍液、3%啶虫脒可湿性粉剂2500～3000倍液等，防治高龄若虫和蛹可选用矿物油、毒死蜱等。

6.柑橘木虱

柑橘木虱是柑橘类新梢期主要害虫，也是柑橘黄龙病的传播媒介。

(1) 为害症状。成虫多在寄主嫩梢产卵，孵化出若虫后吸取嫩梢汁液，直至成虫羽化。受害的寄主嫩梢可出现凋萎、新梢畸变等。木虱还会分泌的白色蜜露并黏附于枝叶上，能引起煤烟病的发生。更为糟糕的是，木虱在柑橘黄龙病病株上取食、产卵繁殖，可产生大量的带菌成虫，成虫可通过转移为害新植株而传播黄龙病。

(2) 生活习性。柑橘木虱一年中的代数与新梢的抽发次数有关。在周年有嫩梢的情况下，一年可发生11～14代。田间世代重叠。成虫产卵在露芽后的芽叶缝隙处，没有嫩芽不产卵。初孵的若虫吸取嫩芽汁液并在其上发育成长，直至5龄。成虫停息时尾部翘起，与停息面呈45°。在没有嫩芽时，停息在老叶的正面或背面。气温8℃以下时，成虫静止不动，14℃时可飞能跳，18℃时开始产卵繁殖。木虱多分布在衰弱树上。在一年中，秋梢受害最重，其次是夏梢，而春梢主要遭受越冬代的为害。10月中旬至11月上旬常有一次晚秋梢发生，柑橘木虱会发生一次高峰。

(3) 防治方法。冬季清除果园枯枝落叶、杂草。刮老树皮，集中烧毁或深埋。越冬期和萌芽前(10月下旬至3月上旬)喷布3～5波美度石硫合剂进行清园。第一代若虫出现集中时期，可选用10%吡虫啉可湿性粉剂2500～5000倍液、95%矿物油(绿颖)乳剂100～300倍液等药剂进行防治。

7.天牛类

俗称牛头夜叉,主要是星天牛和褐天牛2种,是温岭高橙最主要的枝干虫害。

(1)为害症状。幼虫为害根颈、主干或主枝。被害部有木屑状虫粪排出,受害的树干内蛀道纵横,树体水分和养分输送受阻,树势衰弱,叶片黄萎,或整株死亡。星天牛主要为害离地0.5米以内的主干基部及主、侧大根;褐天牛多在离地0.5米以上主干和大枝木质部蛀食。

(2)生活习性。星天牛每年发生1代,均以幼虫在树干基部或主根木质部内越冬,翌年春季化蛹。成虫多在4月下旬至5月上旬出现,5～6月份为羽化盛期。成虫羽化后出洞多栖息在树体枝头或地面杂草间,可啃食细枝皮层或将叶片取食成粗糙缺刻。卵多数产在距地面5厘米以内的树干基部。褐天牛2年完成1个世代,越冬虫态为成虫、2年幼虫及1年幼虫。成虫4月上旬至6月上旬出洞,5月上旬开始产卵,直至9月下旬。卵产于树干伤口、洞口或树皮凹陷处,以主干附近的分叉处最多。

(3)防治方法。成虫盛发时,分别在晴天中午人工捕杀星天牛,晚上捕杀褐天牛交尾和产卵成虫。5月中旬成虫盛发产卵之前进行树干涂白,30天后再涂1次。初孵幼虫盛期,用小刀削除星天牛和褐天牛幼虫和卵,第二年3月用镊子夹取少量棉花蘸敌敌畏等塞入虫孔,再用湿泥土封闭全部虫孔。4～6月成虫盛发期,选用敌敌畏、毒死蜱等药剂喷树干和树枝毒杀成虫,推荐使用触破式微胶囊剂防治天牛成虫。

七、采收与商品化处理

(一) 采收

1.采收时期

采收时期要根据果实的成熟度、用途、市场需求等因素来确定。采收前先进行果实取样测定，以确定果实成熟度。温岭高橙一般在11月中下旬到12月上旬采收，大棚完熟栽培的可延迟到春节前后采收。选择晴天、果实表面水分干后进行采果。下雨、下雪、雾未散、霜未化、刮大风、晴天高温时不宜采果，大风大雨后隔两天采果。

2.采收方法

采前准备圆头采果剪、手套、采果袋(篮)、塑料周转箱等盛装容器，双面人字梯等。采果袋(篮)宜轻便牢固、内侧平滑，竹制品内侧垫以柔软物。采收物品提前进行清洁消毒处理。

采收人员应剪平指甲，戴上手套，随身携带采果袋(篮)，随剪随放。采收时按先下后上，由外向内的顺序进行采摘。贮藏果实要求一果两剪，果蒂平齐。第一剪，先剪距果蒂1～2厘米处，使果实下树，第二剪除齐果蒂。采收时，不可拉枝、拉果，以免拉伤果蒂，伤害树体。采下的果实应轻轻放入采果袋(篮)，避免将枝叶混入采果袋(篮)中，以免刺伤果实。及时转入周转箱，切忌乱丢乱扔，以减少果皮损伤和不必要的损失。伤果、病虫害果、落地果、脱蒂果、泥浆果、畸形果分别放置，腐烂果剔出。装果容器以八至九成满为宜，防止挤压，碰撞，减少翻倒次数，以免果实损伤。

越冬完熟栽培的果实一般不进行贮藏，也可带叶采摘，增加果实新鲜度和美观度，提高商品性。

（二）分级

1.分级标准

分级的目的是使果品成为标准化的商品，可使果品在品质、色泽、大小、成熟度、清洁度等方面基本一致，便于运输和贮藏中的管理以及消费者的购买，有利于减少损失和浪费。温岭高橙果实的分级主要根据外观和大小进行分级，一般可分为特等品、一等品和二等品3个等级，各等级应符合表1规定。

表1　温岭高橙鲜果分级标准

项目	特等品	一等品	二等品
果形	具温岭高橙典型特征，果形端正，整齐一致，果蒂新鲜完整	具温岭高橙典型特征，果形较端正，果蒂新鲜完整	具温岭高橙典型特征，果形基本端正，无明显畸形
果面色泽	具温岭高橙典型色泽，完全均匀着色	具温岭高橙典型色泽，75%以上果面均匀着色	具温岭高橙典型色泽，35%以上果面均匀着色
果面缺陷	果面光洁。机械损伤已愈合，病虫疤痕及其他附着物合并面积不超过总面积的5%	果面洁净，较光滑。机械损伤已愈合，病虫疤痕及其他附着物合并面积不超过总面积的8%	果面洁净。机械损伤已愈合，病虫疤痕及其他附着物合并面积不超过总面积的15%

温岭高橙果实大小规格按横径分为3L、2L、L、M、S、2S六组，各组应符合表2规定。

表2　温岭高橙鲜果大小分组规定

等级	3L	2L	L	M	S	2S	等外果
横径（毫米）	140~130	130~120	120~110	110~100	100~90	90~80	<80或>140
参考果重（克）	700~800	600~700	500~600	400~500	300~400	200~300	<200或>800

2.分级方法

分级方法有手工分级和机器打蜡分级两种。

手工挑选分级果品，应使用柑橘分级常用的分级板。分级时将分级板用支架支撑，下置果箱，分级人员手拿果实，从小孔至大孔比漏(切勿从大孔至小孔比漏)，以确保漏下的孔洞为该级的果实。为了正确进行分级，必须注意以下事项：分级板必须检查，每孔误差不得超过0.5毫米。分级时果实要拿端正，切忌横漏或斜漏。漏果时应用手接住，轻放入箱，不准随其坠落，以免果实出现新伤。自由漏下，不能用力将果从孔中按下。同时携带湿布毛刷，随时去除果面污物。

机器打蜡分级可使用打蜡分级机，其操作程序为：原料→漂洗→清洁剂洗刷→清水淋洗刷→擦洗(干)→涂蜡(或喷涂杀菌剂)→抛光→烘干→选果→分级→装箱→装袋→成品。

经清洗打蜡分选的果实，提高了果实的光洁度，色泽光亮，果实大小整齐，明显地提高了果实的商品价值。经生产线清洗、分选而未打蜡的果实，仅光洁度差于打蜡果，其他与打蜡果相同，其商品价值仍然比未经处理的对照果高。

3.卫生安全指标

污染物、农药残留量分别按照GB 2762、GB 2763有关规定执行。

(三) 包装

分级后的果实用0.15～0.02毫米厚度的聚乙烯薄膜袋进行单果包装，按标准重量装箱。各生产、销售单位可根据需要自行决定采用包装容器的种类。包装材料必须清洁、干燥、质地轻而坚固，无异味、内部平整光滑，外部无突出物，适当通风透气。瓦楞纸箱每箱净重不超过20千克，箱之侧面应有通气孔，纸箱外按规格打印上品名、组别、个数、毛重、净重等项。包果纸应选用质地细、清洁柔软、不吸水的纸张，衬垫纸应选用质地厚而软、无异味的纸张。

(四) 贮藏保鲜

1.防腐保鲜

果实采收当天用保鲜剂(25%咪鲜胺乳油500～1000倍液、50%抑霉唑乳油1000～2000倍液等)浸果1分钟后，放在通风良好的室内场地晾干。晾干一般需要半个月左右，以果皮稍有萎缩为宜。果实表面完全晾干后进行人工挑选，剔除不符合分级标准的果实，然后进行分级。果实用薄膜保鲜袋单果包装、装箱，放入贮藏库或冷库贮存。

2.常温贮藏

将处理后的果实装入垫纸或薄膜的果箱，果箱按品字形整齐码堆，每堆不超过500千克，高不超过7层。贮藏期间一是要注意通风换气，日最低气温不低于4℃时要适当开窗通风换气，降温散湿；当日最低气温≤4℃时要紧闭门窗，保温防冻。二是要控制库内温湿度。结合库内洒水等措施，使库内温度稳定在6～12℃，湿度保持85%～95%。三是适时翻检。贮后每隔20～30天翻果检查1次，剔除有腐烂迹象及不耐贮藏的果实。

3.冷库贮藏

冷藏是现代果品低温保鲜的主要方式。冷藏可以降低病源菌的发生率和产品的腐烂率，还可以减缓水果的呼吸代谢过程，从而达到阻止衰败，延长贮藏期的目的。冷藏期间温度保持在5～5.5℃、相对湿度保持85%～95%左右、二氧化碳浓度保持在1%以下、氧气含量保持在17%～19%。贮藏期间定期检查，进行循环通风。

4.留树保鲜

又称挂果保鲜，有大棚留树和套袋留树2种方法。先在9月底到10月在树冠上喷布1次10毫克/千克的2,4-D溶液，或在果实果蒂部涂布50毫克/千克的2,4-D水溶液。套袋留树在11月下旬，选用合适大小的白色聚乙烯塑料袋进行果实套袋；大棚留树需要搭建大棚设施，在11月底12月初降霜前覆盖顶膜进行避霜防冻，最低气温低于5℃时覆盖裙膜进行保温。大棚内最高气温不宜超过25℃，最低温度不能低于0℃；低于0℃时需采用烟熏法防冻。可保留到翌年1月中下旬至2月中下旬采收结束。留树保鲜法使温岭高橙果实得到充分成熟，不仅极大地改善了温岭高橙的外观色泽，而且对果实内在品质也有较大的提高，可滴定酸含量降低24%，可溶性固形物含量提高1～2个百分点。同时，采收上市期正处于春节假期前后，结合观光采摘，经济效益可提高一倍以上。另外，大棚越冬栽培可以有效防止温岭高橙枝叶冻害，可保证丰产稳产。

第四章　农药的安全使用

一、农药的选择

温岭高橙标准化生产中(有机果品除外)允许有限制地使用限定的化学农药，使果品内的有毒残留量不超过国家卫生允许标准(GB 2763)，且在人体中的代谢产物无害，容易从人体内排出，对天敌和其他有益生物及生态环境安全。允许使用的农药品种主要是符合相关法律法规，并获得国家农药登记许可的高效、低毒、低残留的农药。严禁选用国家禁止或限制使用的农药及剧毒、高毒农药，优先使用生物源农药，有限度地使用部分高效、低毒的化学农药，其选用品种、使用次数、使用方法和安全间隔期应按农药产品标签或《农药合理使用准则(GB／T 8321)》的规定执行，提倡兼治和不同作用机理农药交替使用。

(一) 禁用及限用农药

为了保障农业生产安全、农产品质量安全和生态环境安全，维护人民生命安全和健康，促进无公害农产品的发展，增强我国农产品的国际竞争力，中国人民共和国农业部先后发布了第194号、第199号、第322号、第1157号和1586号公告，明确规定了我国范围内禁止生产销售使用的农药和不得在蔬菜、果树、茶叶、中草药材上使用及限制使用的农药品种。

1.禁止生产销售和使用的农药

禁止使用的农药品种有33种，包括：六六六、滴滴涕、毒杀芬、二溴氯丙烷、杀虫脒、二溴乙烷、除草醚、狄氏剂、艾氏剂、汞制剂、砷类、铅类、敌枯双、氟乙酰胺、甘氟、毒鼠强、氟乙酸钠、毒鼠硅、甲胺磷、久效磷、对硫磷、甲基对硫磷、磷胺、苯线磷、地虫硫磷、硫环磷、磷化钙、磷化镁、磷化锌、甲基硫环磷、蝇毒磷、治螟磷、特丁硫磷。

即将禁止使用的农药品种有：氯磺隆、福美肿和福美甲肿(2015年12月31日)、胺苯磺隆复配制剂(2017年7月1日)、甲磺隆复配制剂(2015年7月1日)。

2.限制使用的农药

在包括温岭高橙在内的柑橘类果树上限制使用的农药有11种。包括：甲拌磷、甲基异硫磷、内吸磷、克百威、涕灭威、灭线磷、硫线磷、氯唑磷(以上8种农药禁止在蔬菜、果树、茶叶、中草药材上使用)、氧乐果、水胺硫磷、灭多威(以上3种农药禁止在柑橘上使用)。

按照《农药管理条例》规定，剧毒、高毒农药不得用于果品生产中。

(二) 无公害食品推荐使用的农药

1.杀虫、杀螨剂

(1)生物制剂和天然物质：苏云金杆菌、甜菜夜蛾核多角体病毒、银纹夜蛾核多角体病毒、小菜蛾颗粒体病毒、茶尺蠖核多角体病毒、棉铃虫核多角体病毒、苦参碱、印楝素、烟碱、鱼藤酮、苦皮藤素、阿维菌素、多杀霉素、浏阳霉素、白僵菌、除虫菊素、硫磺悬浮剂。

(2) 合成制剂：溴氰菊酯、氟氯氰菊酯、氯氟氰菊酯、氯氰菊酯、联苯菊酯、氰戊菊酯、甲氰菊酯、氟丙菊酯、硫双威、丁硫克百威、抗蚜威、异丙威、速灭威、辛硫磷、毒死蜱、敌百虫、敌敌畏、马拉硫磷、乙酰甲胺磷、乐果、三唑磷、杀螟硫磷、倍硫磷、丙溴磷、二嗪磷、亚胺硫磷、灭幼脲、氟啶脲、氟铃脲、氟虫脲、除虫脲、噻嗪酮、抑食肼、虫酰肼、哒螨灵、四螨嗪、唑螨酯、三唑锡、炔螨特、噻螨酮、苯丁锡、单甲脒、双甲脒、杀虫单、杀虫双、杀螟丹、甲胺基阿维菌素、啶虫脒、吡虫脒、灭蝇胺、氟虫腈、溴虫腈、丁醚脲。

2. 杀菌剂

(1) 无机杀菌剂：碱式硫酸铜、王铜、氢氧化铜、氧化亚铜、石硫合剂。

(2) 合成杀菌剂：代森锌、代森锰锌、福美双、乙磷铝、多菌灵、甲基硫菌灵、噻菌灵、百菌清、三唑酮、三唑醇、烯唑醇、戊唑醇、己唑醇、腈菌唑、乙霉威·硫菌灵、腐霉利、异菌脲、霜霉威、烯酰吗啉·锰锌、霜脲氰·锰锌、邻烯丙基苯酚、嘧霉胺、氟吗啉、盐酸吗啉胍、恶霉灵、噻菌铜、咪鲜胺、咪鲜胺锰盐、抑霉唑、氨基寡糖素、甲霜灵·锰锌、亚胺唑、春·王铜、恶唑烷酮·锰锌、脂肪酸铜、松脂酸铜、腈嘧菌酯。

(3) 生物制剂：井冈霉素、农抗120、菇类蛋白多糖、春雷霉素、多抗霉素、宁南霉素、木霉菌、农用链霉素。

（三）绿色食品允许使用的农药

温岭高橙绿色食品生产中应选择对主要防治对象有效的低风险农药品种，优先选用植物和动物来源、微生物来源、生物化学产物、矿物来源的农药和其他植保产品。农药剂型宜选用悬浮剂、微囊悬浮剂、水剂、水乳剂、微乳剂、颗粒剂、水分散粒剂和可溶性粒剂等环境友好型剂型。

1.AA级和A级绿色食品生产均允许使用的农药和其他植保产品(表3)

表3　AA级和A级绿色食品生产均允许使用的农药和其他植保产品名录

类别	组分名称	备注
I.植物和动物来源	楝树(苦楝、印楝等提取物。如印楝树等)	杀虫
	天然除虫菊素(除虫菊科植物提取液)	杀虫
	苦参碱及氧化苦参碱(苦参等提取物)	杀虫
	蛇床子素(蛇床子提取物)	杀虫、杀菌
	小檗碱(黄连、黄柏等提取物)	杀菌
	大黄素甲醚(大黄、虎杖等提取物)	杀菌
	乙蒜素(大蒜提取物)	杀菌
	苦皮藤素(苦皮藤提取物)	杀虫
	藜芦碱(百合科藜芦属和喷嚏草属提取物)	杀虫
	桉油精(桉树叶提取物)	杀虫
	植物油(如薄荷油、松树油、香菜油、八角茴香油)	杀虫、杀螨、杀真菌、抑制发芽
	寡聚糖(甲壳素)	杀菌、植物生产调节剂
	天然诱集和杀线虫剂(如万寿菊、孔雀草、芥子油)	杀线虫
	天然酸(如石醋、木醋和竹醋等)	杀菌
	菇类蛋白多糖(菇类提取物)	杀菌
	水解蛋白质	引诱

(续表)

类别	组分名称	备注
Ⅰ.植物和动物来源	蜂蜡	保护嫁接和修剪伤口
	明胶	杀虫
	具有驱避作用的植物提取物(大蒜、薄荷、辣椒、花椒、薰衣草、柴胡、艾草的提取物)	驱避
	害虫天敌(如寄生蜂、瓢虫、草蛉等)	控制虫害
Ⅱ.微生物来源	真菌及真菌提取物(白僵菌、轮枝菌、木霉菌、耳霉菌、淡紫拟青霉、金龟子绿僵菌、寡雄腐霉菌等)	杀虫、杀菌、杀线虫
	细菌及细菌提取物(苏云金芽孢杆菌、枯草芽孢杆菌、蜡质芽孢杆菌、地衣芽孢杆菌、多黏类芽孢杆菌、荧光假单孢杆菌、短稳杆菌等)	杀虫、杀菌
	病毒及病毒提取物(核型多角体病毒、质型多角体病毒、颗粒体病毒等)	杀虫
	多杀霉素、乙基多杀菌素	杀虫
	春蕾霉素、多抗霉素、井冈霉素、(硫酸)链霉素、嘧啶核苷类抗菌素、宁南霉素、申嗪霉素和中生霉素	杀菌
Ⅲ.生物化学产物	S-诱抗素	植物生产调节
	氨基寡糖素、低聚糖素、香菇多糖	防病
	几丁聚糖	防病、植物生产调节
	苄氨基嘌呤、超敏蛋白、赤霉酸、羟烯腺嘌呤、三十烷醇、乙烯利、吲哚丁酸、芸薹素内酯	植物生产调节
Ⅳ.矿物来源	石硫合剂	杀菌、杀虫、杀螨
	铜盐(如波尔多液、氢氧化铜等)	杀菌,每年铜使用量不能超过5千克/公顷
	氢氧化钙(石灰水)	杀菌、杀虫
	硫黄	杀菌、杀螨、驱避
	高锰酸钾	杀菌,仅用于果树
	碳酸酸钾	杀菌
	矿物油	杀虫、杀螨、杀菌
	氯化钙	仅用于治疗缺钙症

(续表)

类别	组分名称	备注
Ⅳ. 矿物来源	硅离土	杀虫
	黏土(如斑脱土、珍珠岩、蛭石、沸石等)	杀虫
	硅酸盐(硅酸钠、石英)	驱避
	硫酸铁(3价铁离子)	杀软体动物
Ⅴ. 其他	氢氧化钙	杀菌
	二氧化碳	杀虫、用于贮存设施
	过氧化物类和含氯类消毒剂(如过氧乙酸、二氧化氯、二氯异氰尿酸钠、三氯异氰尿酸等)	杀菌、用于土壤和培养基质消毒
	乙醇	杀菌
	海盐和盐水	杀菌、仅用于种子(如稻谷等)处理
	软皂(钾肥皂)	杀虫
	乙烯	催熟等
	石英砂	杀菌、杀螨、驱避
	昆虫性外激素	引诱、仅用于诱捕器和散发皿内
	磷酸氢二铵	引诱、仅限于诱捕器中使用

注: (1) 该清单每年都可能根据新的评估结果发布修改单

(2) 国家新禁用的农药从该清单中自动删除

2. A级绿色食品生产允许使用的其他农药

当表3所列农药和其他植保产品不能满足温岭高橙有害生物防治需要时，还可按照农药产品标签或GB/T 8321的规定使用下列农药。

(1) 杀虫剂。包括：S-氰戊菊酯、吡丙醚、吡虫啉、吡蚜酮、丙溴磷、除虫脲、啶虫脒、毒死蜱、氟虫脲、氟啶虫酰胺、氟铃脲、高效氯氰菊酯、甲氨基阿维菌素苯甲酸盐、甲氰菊酯、抗蚜威、联苯菊酯、螺虫乙酯、氯虫苯甲酰胺、氯氟氰菊酯、氯菊酯、氯氰菊酯、灭蝇胺、灭幼脲、噻虫啉、噻虫嗪、噻嗪酮、辛硫磷、茚虫威。

(2) 杀螨剂。包括：苯丁锡、喹螨醚、联苯肼酯、螺螨酯、噻螨酮、四螨嗪、乙螨唑、唑螨酯。

(3) 杀菌剂。包括：吡唑醚菌酯、丙环唑、代森联、代森锰锌、代森锌、啶酰菌胺、啶氧菊酯、多菌灵、噁霉灵、噁霜灵、粉唑醇、氟吡菌胺、氟啶胺、氟环唑、氟菌唑、腐霉利、咯菌腈、甲基立枯磷、甲基硫菌灵、甲霜灵、腈苯唑、腈菌唑、精甲霜灵、克菌丹、醚菌酯、嘧菌酯、嘧霉胺、氰霉唑、噻菌灵、三乙膦酸铝、三唑醇、三唑酮、双炔酰胺菌、霜霉威、霜脲菌、萎锈灵、戊唑醇、烯酰吗啉、异菌脲、抑霉唑。

(4) 除草剂。包括：2甲4氯、氨氯吡啶酸、丙炔氟草胺、草铵膦、草甘膦、敌草隆、噁草酮、二甲戊灵、二氯吡啶酸、二氯喹啉酸、氟唑磺隆、禾草丹、禾草敌、禾草灵、环嗪酮、磺草酮、甲草胺、精吡氟禾草灵、精喹禾灵、绿麦隆、氯氟吡氧乙酸(异辛酸)、氯氟吡氧乙酸异辛酯、麦草畏、咪唑喹啉酸、灭草松、氰氟草酯、炔草酯、乳氟禾草灵、噻吩磺隆、双氟磺草胺、甜菜安、甜菜宁、西玛津、烯草酮、烯禾啶、硝磺草酮、野麦畏、乙草胺、乙氧氟草醚、异丙甲草胺、异丙隆、莠灭净、唑草酮、仲丁灵。

(5) 植物生长调节剂。包括：2，4-D(只允许作为植物生长调节剂使用)、矮壮素、多效唑、氯吡脲、萘乙酸、噻苯隆、烯效唑。

(四) 有机食品允许使用的农药

温岭高橙有机食品生产中允许使用的农药品种有：海藻

制品、二氧化碳、明胶、蜂蜡、硅酸盐、碳酸氢钾、碳酸钠、氢氧化钙、高锰酸钾、乙醇、醋、奶制品、卵磷脂、蚁酸、软皂、植物油、黏土、石英沙等。

二、农药的管理与安全使用规范

(一) 农药的管理

1.农药的采购

应从正规渠道采购合格的农药。不得采购非法销售点销售、无农药登记证或农药临时登记证、无农药生产许可证或者农药生产批准文件、无产品质量标准及合格证明、无标签或标签内容不完整、超过保质期和禁止使用的农药。

2.农药的储藏

农药应储藏于专用仓库，由专人负责保管。贮藏点应符合防火、卫生、防腐、避光、通风等安全条件要求，并配有农药配制量具、急救药箱，出入口处应贴有警示标志。

3.剩余农药的处理

未用完农药制剂应保存在其原包装中，并密封贮存于上锁的地方，不得用其他容器盛装，不应用空饮料瓶分装剩余农药。未喷完药液(粉)在该农药标签许可的情况，可再将剩余药液用完。对于少量的剩余药液，应妥善处理。

4.农药包装物处理

农药包装物不应重复使用、乱扔。农药空包装物应清洗3次以上，将其压坏或刺破，防止重复使用，必要时应贴上标签，以便回收处理。空的农药包装物在处置前应安全存放。

（二）农药的施用

1. 农药的配制

准确核定施药面积，根据农药标签推荐的农药使用剂量或植保技术人员的推荐，计算用药量和施药液量并称(量)取。称(量)取应在避风处操作。在开启农药包装称量时，操作人员应穿戴必要的防护器具。配制农药应在远离居住地、牲畜栏和水源的场所进行。量取好药剂和配料后，要在专用的容器里混匀。选择没有杂质的清水配制农药。混匀时，要用工具搅拌，不得用手直接伸入药液中搅拌。药剂随配随用。配药器械一般要求专用，每次用后要洗净，不得在河流、小溪或井边冲洗。

2. 施药器械的选择

应选择正规厂家生产、经国家质检部门检测合格的药械。小面积果园宜选用背负式动气力喷雾机，大面积果园宜采用弥雾机。根据病、虫、草和其他有害生物防治需要和施药器械类型选择合适的喷头，定期更换磨损的喷头。喷洒除草剂和生长调节剂宜采用扇形雾喷头或激射式喷头；喷洒杀虫剂和杀菌剂宜采用空心圆锥雾喷头或扇形雾喷头。

3. 施药的方法

应按照农药产品标签或说明书规定，根据农药作用方式、农药剂型、防治对象及有害生物行为情况选择合适的施药方法。施药方法包括喷雾、撒颗粒、喷粉、拌种、熏蒸、涂抹、注射、灌根、毒饵等。一般不宜采用喷粉等风险较大的施药方式。在大棚设施内采用喷雾法施药时，宜采用低容量喷雾法，不宜采用高容量喷雾法；采用烟雾法等施药时，应在傍晚封闭棚室后进行，次日应通风1小时后，人员方可进入。

4.安全间隔期

农药安全间隔期，是指作物最后一次施药至收获时所规定的安全(农药残留量降到最大允许残留量)间隔天数，即收获前禁止使用农药的天数。在果园中施药，应严格按照标签上规定的使用量、使用次数和安全间隔期使用农药，最后一次喷药与收获之间必须大于安全间隔期。

(三) 安全保护

1.人员

配制和施用农药人员应身体健康，经过专业技术培训，具备一定的植保知识。严禁儿童、老人、体弱多病者及处于经期、孕期、哺乳期妇女参与施药活动。

2.保护

配制和施药时，操作者应穿戴必要的防护服，严禁用手直接接触农药，谨防农药进入眼睛、接触皮肤或吸入体内。施药后，现场应立即设立警示标志，农药的持效期内禁止放牧和采摘，施药后24小时内禁止人员进入。

(四) 档案记录

每个生产地块(棚室)应当建立独立、完整的生产记录档案，保留生产过程中各个环节的有效记录。填写《生产基地田间农事活动记录》，记录应当保留2年以上。

三、常用农药使用方法

1.矿物油

(1) 作用特点。矿物油(绿颖、敌死虫)是一种广谱、低毒的矿物源杀虫杀螨剂，是用矿物油(机油)加工制成。喷洒后在害虫体表覆盖一层油膜，封闭气孔，使害虫窒息而死。无公害，无残毒，对天敌安全，对害虫不会产生抗性。

（2）制剂类型。95%机油乳剂、99%绿颖乳油、99.1%敌死虫乳油等。

（3）防治对象。柑橘蚧类、柑橘螨类、蚜虫、粉虱和柑橘木虱等。

（4）使用方法。生产上防治蚧类、螨类、烟煤病等选用99%乳油100～250倍液。年最多使用4次，安全间隔期45天。

2. 阿维菌素

（1）作用特点。阿维菌素是一种农用抗生素类具有杀虫、杀螨剂，属昆虫神经毒剂，主要干扰害虫神经生理活动，使其麻痹中毒而死；具有胃毒和触杀作用，不能杀卵。阿维菌素对捕食性昆虫和寄生天敌虽有直接触杀作用，但因植物表面残留少，因此对益虫的损伤很小。阿维菌素在土内被土壤吸附不会移动，并且被微生物分解，因而在环境中无累积作用。具有高效、广谱、低毒、害虫不易产生抗性，对天敌较安全等特点。

（2）制剂类型。剂型有2%、1.8%和1%乳油。

（3）防治对象。对锈壁虱、柑橘潜叶蛾、蚜虫、跗线螨和柑橘木虱等均有良好的防治效果，对柑橘红蜘蛛等叶螨类也有较好的兼治作用。

（4）使用方法。可选用1.8%乳剂4000～6000倍液喷雾防治。年最多使用2次，安全间隔期14天。

3. 除虫脲

（1）作用特点。除虫脲是一种特异性低毒杀虫剂，对害虫具有胃毒和触杀作用，通过抑制昆虫几丁质合成、使幼虫在蜕皮时不能形成新表皮、虫体成畸形而死亡，但药效缓慢。使用安全，对鱼、蜜蜂及天敌无不良影响。

(2) 制剂类型。剂型有20%悬浮剂，5%、25%可湿性粉剂，5%乳油等。

(3) 防治对象。防治柑橘潜叶蛾、锈壁虱等，对鳞翅目害虫有特效。

(4) 使用方法。可选用25%可湿性粉剂2000～4000倍液喷雾防治。年最多使用3次，安全间隔期28天。

4.氟虫脲

(1) 作用特点。氟虫脲属苯甲酰脲类杀虫剂，是几丁质合成抑制剂，其杀虫活性、杀虫谱和作用速度均具特色，并有很好的叶面滞留性，尤其对未成熟阶段的螨和害虫有高的活性。对捕食性螨和昆虫安全。

(2) 制剂类型。卡死克5%乳油、5%可湿性粉剂。

(3) 防治对象。对柑橘螨类、潜叶蛾、食心虫类、夜蛾类等害虫均具有很好的防治效果，特别对抗性害螨(虫)有较好的防效。

(4) 使用方法。防治柑橘螨类，在卵始孵盛期喷5%卡死克乳油700～1000倍液；防治柑橘潜叶蛾，用5%卡死克乳油1500～2000倍液均匀喷雾。由于该药杀灭作用较慢，所以施药时间要较一般杀虫、杀螨剂提前2～3天。年最多使用2次，安全间隔期30天。

5.吡虫啉

(1) 作用特点。吡虫啉是新一代氯代尼古丁杀虫剂，具有广谱、高效、低毒、低残留，害虫不易产生抗性，对人、畜、植物和天敌安全等特点，并有触杀、胃毒和内吸多重功效。害虫接触药剂后，中枢神经正常传导受阻，使其麻痹死亡。速效性好，用药后1天即有较高的防效，残留期长达25天左右。

(2) 制剂类型。剂型有2.5%、10%可湿性粉剂、5%乳油等。

(3) 防治对象。主要用于防治柑橘蚜虫、柑橘潜叶蛾、柑橘木虱等。

(4) 使用方法。防治蚜虫、潜叶蛾，可选用10%吡虫啉可湿性粉剂2000～4000倍液。年最多使用2次，安全间隔期14天。

6. 啶虫脒

(1) 作用特点。啶虫脒是一种新型广谱且具有一定杀螨活性的杀虫剂，具有触杀、胃毒和较强的渗透作用，杀虫速效，用量少、活性高、杀虫谱广、持效期长达20天左右，对环境相容性好等。由于其作用机理与常规杀虫剂不同，所以对有机磷、氨基甲酸酯类及拟除虫菊酯类产生抗性的害虫有特效。对人畜低毒，对天敌杀伤力小，对鱼毒性较低，对蜜蜂影响小。

(2) 制剂类型。剂型有3%、5%乳油，3%、5%、20%可湿性粉剂等多种。

(3) 防治对象。适用于防治半翅目害虫，对蚜虫有特效。

(4) 使用方法。防治蚜虫、潜叶蛾，在害虫发生初期用3%可湿性粉剂2000～2500倍液、3%乳油1500～2000倍液、20%可湿性粉剂5000～13000倍液；防治柑橘粉虱和黑刺粉虱，用3%可湿性粉剂1000～1500倍液。年最多使用1次，安全间隔期14天。

7. 炔螨特

(1) 作用特点。炔螨特是一种广谱有机硫杀螨剂，对成螨和若螨有特效，可用于防治柑橘、茶、花卉等作物各种害螨，对多数天敌安全。炔螨特效果广泛，能杀灭多种害螨，不论杀灭对其他杀虫剂已产生抗药性的害螨，还是杀灭成螨、若螨、幼螨及螨卵均有较好的效果。炔螨特具有选择性，对蜜蜂及天敌较安全，残效持久，毒性很低，对人畜及自然环境危害小，是综合防治的理想杀螨剂。

（2）制剂类型。剂型有25%、40%、57%和73%乳油等。

（3）防治对象。柑橘螨类。

（4）使用方法。可选用73%乳油2000～3000倍液喷雾防治。年最多使用3次，安全间隔期30天。

8.哒螨灵

（1）作用特点。哒螨灵为广谱、触杀性杀螨剂，可用于防治多种食植物性害螨。对螨的整个生长期即卵、幼螨、若螨和成螨都有很好的效果，对移动期的成螨同样有明显的速杀作用。该药不受温度变化的影响，在早春或秋季使用，均可达到满意效果。

（2）制剂类型。剂型有20%可湿性粉剂、15%乳油。

（3）防治对象。柑橘螨类。

（4）使用方法。可选用15%乳油1500～3000倍液。年最多使用2次，安全间隔期10天。

9.噻嗪酮

（1）作用特点。又名扑虱灵，是一种选择性昆虫生长调节剂，属高效、低毒杀虫剂，对人、畜低毒，对植物、天敌安全，主要是触杀和胃毒作用，可抑制昆虫几丁质的合成，干扰新陈代谢，使幼虫、若虫不能形成新皮而死亡。不杀成虫。

（2）制剂类型。剂型有10%、25%、50%可湿性粉剂。

（3）防治对象。防治柑橘蚧类、柑橘螨类、柑橘粉虱等。

（4）使用方法。防治柑橘锈壁虱，于7～10月间用25%可湿性粉剂5000～6000倍液喷雾防治，有效期15～20天；防治柑橘红蜘蛛，于春末夏初和秋季用25%可湿性粉剂1200～1600倍喷雾防治，有效期30天；防治柑橘木虱、粉虱和黑刺粉虱等，于低龄若虫盛发期，用25%可湿性粉剂2000～3000倍液喷雾防治。年最多使用2次，安全间隔期35天。

10.杀虫双

(1) 作用特点。杀虫双是一种人工合成的沙蚕毒素类仿生性有机氮杀虫剂。对害虫具有较强的触杀和胃毒作用，并有一定的熏蒸作用，是一种神经毒剂。具有很强的内吸性，能通过根和叶片吸收后传导到植株各部位。

(2) 制剂类型。剂型有25%、18%水剂，3.6%、5%颗粒剂。

(3) 防治对象。防治柑橘潜叶蛾、柑橘红蜘蛛等。

(4) 使用方法。防治柑橘潜叶蛾，用18%水剂450～600倍液；防治柑橘红蜘蛛、凤蝶类幼虫，用25%水剂500～800倍液。年最多使用2次，安全间隔期15天。

11.石硫合剂

(1) 作用特点。石硫合剂是由生石灰、硫磺加水熬制而成的一种无机硫杀菌剂，具有取材方便、价格低廉、效果好、对多种病菌具有抑杀作用等优点。石硫合剂能通过渗透和侵蚀病菌、害虫体壁来杀死病菌、害虫及虫卵，是一种既能杀菌又能杀虫、杀螨的无机硫制剂。石硫合剂结晶粉是在液体石硫合剂的基础上经化学加工而成的固体新剂型，其纯度高、杂质少，药效是传统熬制石硫合剂的2倍以上。

(2) 制剂类型。剂型有原液、45%晶体石硫合剂。

(3) 防治对象。可防治柑橘螨类、蚧类等。

(4) 使用方法。防治螨类、蚧类、黑斑病等，可选用45%晶体石硫合剂180～300倍液。年最多使用3次，安全间隔期30天。

12.氢氧化铜

(1) 作用特点。氢氧化铜的杀菌作用主要靠铜离子，铜离子被萌发的孢子吸收，当达到一定浓度时，就可以杀死孢子细胞，从而起到杀菌作用。

（2）制剂类型。剂型有77%可湿性粉剂，53.8%、38.5%干悬浮剂，25%、37.5%悬浮剂。

（3）防治对象。防治柑橘溃疡病、疮痂病、炭疽病等。

（4）使用方法。防治柑橘溃疡病，使用77%可湿性粉剂400～600倍液于发病初期开始喷药，间隔7～10天喷1次药。年最多使用3次，安全间隔期30天。

13.代森锰锌

（1）作用特点。代森锰锌是代森锰和锌离子的络合物，是一种广谱低毒的保护性杀菌剂。具有高效、低毒、低残留、杀菌范围广、不易产生抗性等特点，同时对果树缺锰、缺锌有治疗作用。

（2）制剂类型。剂型有70%、80%、50%可湿性粉剂等多种。

（3）防治对象。防治柑橘疮痂病、溃疡病、炭疽病、褐腐病等。

（4）使用方法。防治树脂病、疮痂病、炭疽病等，可选用80%可湿性粉剂400～600倍液。年最多使用3次，安全间隔期21天。

14.甲基硫菌灵

（1）作用特点。又称甲基托布津，是一种有机杂环类内吸性杀菌剂。被植物吸收后即转化为多菌灵，主要干扰病菌菌丝的形成，影响病菌细胞分裂，使细胞壁中毒，从而杀死病菌。具有内吸、预防和治疗作用，低毒、低残留、广谱、药效稳定，残效期长。

（2）制剂类型。剂型有50%、70%可湿性粉剂等多种。

（3）防治对象。防治柑橘疮痂病、炭疽病、树脂病和青霉病、绿霉病。

(4) 使用方法。防治柑橘疮痂病、炭疽病、树脂病等，用50%可湿性粉剂800～1000倍液；防治柑橘贮藏病害用50%可湿性粉剂100倍液，在果实采收后浸果，时间不超过2分钟。年最多使用1次，安全间隔期14天。

15.咪鲜胺

(1) 作用特点。咪鲜胺是一种广谱杀菌剂，对多种作物由子囊菌和半知菌引起的病害具有明显的防效，也可以与大多数杀菌剂、杀菌剂、杀虫剂、除草剂混用，均有较好的防治效果。其作用是通过抑制甾醇的生物合成，使病菌细胞壁受到干扰。虽不具内吸作用，但具有一定的传导作用。

(2) 制剂类型。剂型有25%、45%乳油，45%水乳剂，0.05%水剂。

(3) 防治对象。防治炭疽病、蒂腐病、青霉病、绿霉病。

(4) 使用方法。可选用25%乳油500～1000倍液浸果。年最多使用1次，安全间隔期14天。

16.抑霉唑

(1) 作用特点。抑霉唑是一种内吸性杀菌剂，对侵袭水果、蔬菜和观赏植物的许多真菌病害都有防效。对柑橘、香蕉和其他水果喷施式浸渍，能防治收获后的水腐烂。

(2) 制剂类型。剂型有25%、50%乳油，0.1%涂抹剂。

(3) 防治对象。防治柑橘绿霉病、青霉病。

(4) 使用方法。可选用50%乳油1000～2000倍液浸果1分钟。年最多使用1次，安全间隔期60天(上市)。

参考文献

[1] 付以彬，刘辉，李锁林．樱桃标准化栽培技术[M]．北京：中国农业大学出版社，2012.10.

[2] NY/T 976，柑橘无病毒苗木繁育规程[S]．2006.

[3] NY/T 975，柑橘栽培技术规程[S]．2006.

[4] GB/Z 26580，柑橘生产技术规范[S]．2011.

[5] NY/T 2044，柑橘主要病虫害防治技术规范[S]．2011.

[6] NY/T 716，柑橘采摘技术规范[S]．2003.

[7] NY/T 1190，柑橘等级规格[S]．2006.

[8] 王涛.果品安全生产手册[M]．北京：中国农业科学技术出版社，2014.5.

[9] NY/T 1276，农药安全使用规范 总则[S]．2007.

[10] NY/T 393，绿色食品 农药使用准则[S]．2013.

[11] 高文胜，秦旭．无公害果园首选农药100种[M].北京：中国农业出版社，2013.10.

[12] 彭良志.甜橙安全生产技术指南[M]．北京：中国农业出版社,2013.01.

《温岭高橙标准化生产技术》

资助出版

中央农业技术推广与服务项目
"温岭高橙品质提升与标准化生产技术示范推广"

编写人员

陈正连（温岭市城南镇农业综合服务中心/农艺师）
王　涛（温岭市特产技术推广站/高级农艺师）
陈伟立（温岭市特产技术推广站/高级农艺师）
黄雪燕（温岭市城效农业技术推广站/农艺师）

金宗斌/摄

编著人　陈正连

温岭市城南镇农业综合服务中心主任，温岭市国庆塘高橙场技术负责人，主要从事温岭高橙生产与推广工作。

编著人　王　涛

浙江省温岭市特产技术推广站站长，温岭市水果行业首席专家，浙江省151人才，台州市211人才，温岭市拔尖人才，主要研究果树高效优质栽培技术并推广，著有《东南沿海果树高效优质栽培新技术》《南方大棚葡萄发展战略研究——以浙江省温岭市为例》《大棚梨与寄接梨》《果品安全生产手册》等。

基地现场

温 / 岭 / 市 / 国 / 庆 / 塘 / 高 / 橙 / 场

采收现场   采后处理场所   精品包装

成熟果实 果实剖面图 花朵

温 / 岭 / 高 / 橙 / 生 / 物 / 学 / 性 / 状

自然开心形树冠

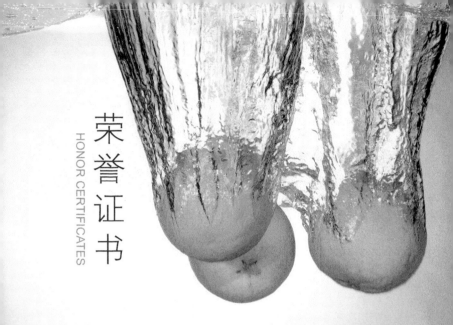

荣誉证书